Gabor Paller
Peter Szarmes
Gabor Elo

Considerações sobre o consumo de energia de uma gama de sensores agrícolas

Gabor Paller
Peter Szarmes
Gabor Elo

Considerações sobre o consumo de energia de uma gama de sensores agrícolas

ScienciaScripts

Imprint

Cover image: www.ingimage.com

This book is a translation from the original published under ISBN 978-620-2-05629-8.

Publisher:
Sciencia Scripts
is a trademark of
Dodo Books Indian Ocean Ltd. and OmniScriptum S.R.L publishing group

120 High Road, East Finchley, London, N2 9ED, United Kingdom
Str. Armeneasca 28/1, office 1, Chisinau MD-2012, Republic of Moldova, Europe
Printed at: see last page
ISBN: 978-620-7-93888-9

Índice:

Agradecimentos

NATIONAL RESEARCH,
DEVELOPMENT AND
INNOVATION FUND

INVESTING IN YOUR FUTURE

Gostaria de agradecer ao Governo de França pela generosidade na concessão de uma bolsa de estudo para o instituto ESEO em Angers, França. Agradeço especialmente a Sébastien Aubin, do ESEO, por ter facilitado a minha estadia.

Resumo

Atualmente, o número de sistemas de sensores de grande dimensão está a crescer rapidamente em muitos domínios. Soluções de Big Data bem concebidas são capazes de gerir o enorme fluxo de dados e criar benefícios comerciais reais. Uma área de aplicação em crescimento dinâmico é a agricultura de precisão. Exige sensores robustos e eficientes em termos energéticos, porque os dispositivos são colocados no exterior, muitas vezes em condições adversas, e não existe uma tomada eléctrica "no meio de um campo de milho".

A eficiência energética em geral é um dos principais temas da Internet das Coisas (IoT). De acordo com a visão da IoT, os sensores incorporados enviam os seus dados para unidades de processamento (localizadas perto do sensor ou num dispositivo "gateway" intermédio ou na nuvem) utilizando redes de transporte heterogéneas. Alguns sensores utilizam redes de curto alcance, como o Bluetooth, e um dispositivo "gateway", como um tablet. Outros sensores ligam-se diretamente a redes de grande alcance, como as redes celulares. A comunicação é uma das principais fontes de consumo de energia dos nós de sensores IoT, pelo que a arquitetura da comunicação determina em grande medida o tempo de vida do sensor e, por conseguinte, os custos de manutenção do sistema. Além disso, o processamento não trivial de dados no sensor (caso exista) pode implicar custos significativos de consumo de energia.

O projeto AgroDat.hu experimentou uma série de sensores desenvolvidos para casos de utilização agrícola. Alguns desses sensores produziam apenas medições escalares de baixa largura de banda, enquanto outros tinham formatos de dados maiores e mais complexos para produzir, processar e transferir, como imagens. A eficiência energética como requisito surgiu logo no início do projeto, uma vez que estes sensores têm frequentemente de funcionar sem assistência durante um longo período de tempo, em locais cuja visita é dispendiosa. Este documento apresenta as nossas experiências e tenta identificar padrões de conceção de sensores do ponto de vista da eficiência energética.

Capítulo 1

1. Introdução

A Internet das Coisas é frequentemente considerada uma tendência recente, mas a sua visão foi apresentada pela primeira vez em 1991 [29]. Weiser imaginou computadores que "desaparecem em segundo plano" e estão ligados através de ligações com e sem fios. Um elemento-chave da computação omnipresente de Weiser era a natureza de baixo consumo dos elementos de computação capazes de funcionar durante um longo período de tempo sem recarga, caso contrário os problemas de bateria impediriam que os dispositivos "desaparecessem em segundo plano". O consumo de energia de baixo consumo e ultrabaixo consumo tem sido, desde então, um tema fundamental da investigação sobre a IdC [27], [30].

Os sistemas IoT utilizam redes heterogéneas para ligar os sensores às unidades de processamento de dados. Algumas soluções baseiam-se em redes de curto alcance (p. ex., ZigBee, Bluetooth), sendo os dados recolhidos por um dispositivo "gateway" (p. ex., smartphone, tablet, descodificador) que depois se liga a uma rede de área alargada. Os sensores isolados, que raramente são visitados por seres humanos e estão longe de quaisquer outros elementos da rede ubíqua, não podem adotar esta solução, pelo que têm de se ligar diretamente à rede de área alargada. A rede de área alargada mais comum, com baixo custo de conetividade e grande cobertura, é a rede pública de telemóveis.

Os dados captados pelos sensores agrícolas podem ser escalares [4], [18] [6] ou de tipos de dados mais complexos, por exemplo, espectrogramas. Os sensores agrícolas medem frequentemente valores escalares simples, como a temperatura e a humidade, e, de facto, a nossa primeira iteração de estações de sensores apenas efectuou medições de valores escalares. No entanto, os sensores de imagem 2D ("câmaras") revelaram-se eficazes na deteção dos efeitos da seca [10], [5], do fenótipo das plantas [17] ou de doenças [20]. Equipar as estações de sensores agrícolas com câmaras é, portanto, uma direção de investigação interessante e, na segunda iteração, fizemos experiências com sensores de imagem.[1]

Este documento está estruturado da seguinte forma. Após a apresentação do projeto AgroDat.hu na secção 2, as secções 3, 4, 5, 6 e 7 discutem as experiências que adquirimos com uma família de sensores que produz valores escalares simples, construída em torno de uma estação de sensores de solo. Neste caso, a maior parte da

[1] Este artigo é uma versão alargada dos nossos artigos SENSORNETS 2015 [22], SENSORNETS 2016 [23] e SEIA 2016 [24]

energia consumida pela estação de sensores resulta de actividades de comunicação e analisamos diferentes cenários de comunicação com redes GSM e LPWAN (Low Power Wide Area). As secções 8, 9, 10, 11, 12 e 13 tratam das nossas experiências com sensores de imagem, com particular interesse para um caso de utilização que requer o processamento de imagens na estação de sensores (deteção de roedores). O caso de utilização de processamento de imagem tem conclusões interessantes no que diz respeito ao equilíbrio entre a energia consumida pelo processamento de imagem e as actividades de comunicação. O artigo é concluído na secção 14.

Capítulo 2

2. O projeto AgroDat.hu

Atualmente, os sensores e as redes de sensores adquirem cada vez mais importância em muitos domínios de aplicação. As máquinas (incluindo câmaras, sensores, satélites, dispositivos de imagem, etc.) já estão a gerar mais dados do que nós, seres humanos e processos empresariais (Figura 1). Estes dispositivos funcionam frequentemente num ambiente hostil, sem acesso a redes eléctricas, onde a robustez e a eficiência energética são características muito importantes.

Um desses domínios de aplicação é a agricultura. A agricultura de precisão é um sistema integrado de gestão agrícola que incorpora várias tecnologias. Esta tecnologia pode reduzir o custo de produção das culturas e o risco de poluição ambiental [7]. O projeto de I&D AgroDat, com notáveis parceiros industriais e científicos, visa construir um sistema de informação agrícola na Hungria. O sistema baseia-se na recolha e análise de grandes volumes de dados sobre as culturas e as condições ambientais, como a humidade e a temperatura do solo, a temperatura do ar, a precipitação, a radiação solar, etc.

Os sensores do solo (ver Figura 2) podem medir o potencial hídrico, a condutividade eléctrica, o teor volumétrico de água, a temperatura do solo, etc. A condutividade eléctrica está correlacionada com o teor de sal, influenciando o crescimento das plantas. O potencial hídrico refere-se à água disponível para as plantas. Estes dados podem ser utilizados para planear a rega, prever doenças das plantas e analisar a aspiração do solo. Os sensores de luz (ver Figura 2) podem medir a intensidade da radiação fotossinteticamente ativa, ou o espetro da luz recebida e reflectida em determinadas bandas, que podem depois ser utilizadas para calcular o Índice de Vegetação por Diferença Normalizada e o Índice de Reflectância Fotoquímica [9]. Estes índices estão estreitamente correlacionados com a vegetação e a atividade fotossintética, respetivamente, e são bons indicadores da biomassa e do stress das plantas. Os sensores podem medir a humidade relativa, a temperatura do ar ou a pressão de vapor. Estes valores estão relacionados com a evaporação das plantas. Os sensores de humidade das folhas são concebidos para detetar a humidade (presença e duração) e a formação de gelo nas superfícies das folhas. Os dados são úteis para a previsão de doenças das plantas e para o planeamento de acções de pulverização.

A combinação de diferentes sensores num grupo de sensores cria sinergias e, durante a conceção de uma tal unidade de sensores, o baixo consumo de energia e a capacidade de resistir a condições ambientais adversas são objectivos importantes. Muitos dos dados necessários para o sistema de informação agrícola podem ser recolhidos por estas unidades de sensores, que podem efetuar medições mesmo ao minuto. Os dados dos sensores nos campos serão enviados através de redes GSM para servidores centrais.

Os sensores são muito diferentes em termos dos seus requisitos de comunicação de dados. Alguns sensores podem enviar grandes quantidades de dados, mesmo em tempo real (como o streaming de vídeo). A primeira iteração de sensores agrícolas que está a ser desenvolvida pelo nosso projeto media apenas valores escalares e tinha as seguintes propriedades

- Estes sensores são fixos. Uma vez instalados, raramente se deslocam.
- O seu ambiente altera-se apenas lentamente. Por exemplo, as alterações súbitas da temperatura ou da humidade do solo são raras. Isto significa que os valores dos sensores podem ser recolhidos com períodos de amostragem bastante longos (várias horas ou mesmo diariamente).
- A quantidade de dados a transmitir é relativamente pequena. Uma quantidade medida é um valor escalar e o equipamento sensor mede cerca de 10 a 20 quantidades deste tipo.
- Estes sensores são instalados em locais que raramente são acedidos e estão longe dos pontos finais habituais da infraestrutura de rede. Por exemplo, um dos nossos sensores destina-se a ser instalado em grandes campos de milho. O funcionamento prolongado e sem assistência é um requisito importante.

Estes requisitos conduziram às seguintes decisões iniciais de conceção de alto nível.

- Os sensores serão ligados diretamente através da rede GSM normal, sem a ajuda de um nó "gateway". Cada sensor será um ponto final GSM.
- Os portadores de dados de baixa largura de banda, como SMS ou GPRS, satisfazem os requisitos de transferência.
- O baixo consumo de energia/tempo de funcionamento prolongado sem assistência no local é crucial.
- A possibilidade de gestão remota do sensor é uma necessidade.

Mais tarde, revimos estes requisitos à medida que as experiências de consumo de energia com a primeira iteração se tornaram disponíveis e foram introduzidos requisitos adicionais, como a captura de imagens.

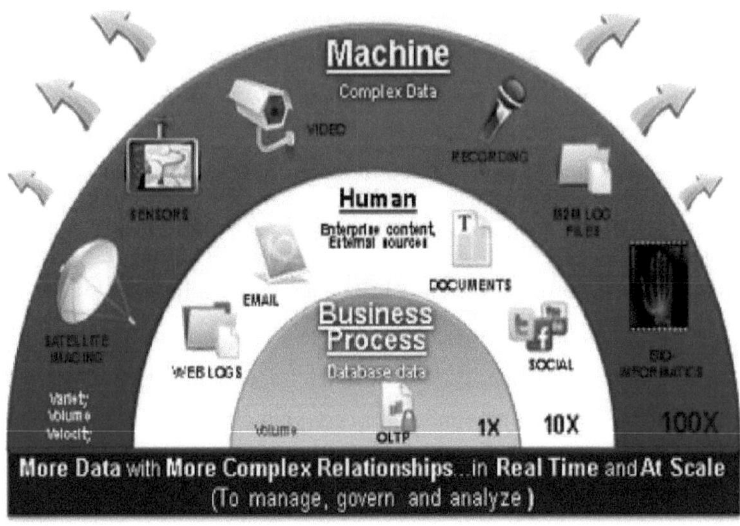

Fig. 1 : Fontes de crescimento dos dados (fonte: TDWI)

Fig. 2: Sensores de solo e de luz Decagon (fonte: Decagon)

Capítulo 3

3. A estação de sensores de solo

Os parâmetros medidos pela estação de sensores de solo foram estabelecidos de acordo com uma análise de risco da produção de milho [8]. A estação de sensores está disponível em duas variantes. Uma variante mede apenas parâmetros subterrâneos. Com exceção de uma cúpula de plástico que protege a antena GSM, esta estação quase não tem partes acima do solo (ver Figura 3).

Para além da variante subterrânea, a estação de sensores pode ser equipada com um poste que contém instrumentos acima do solo. Este poste adicional é apresentado na Figura 4.

O conjunto de sensores subterrâneos pode medir os seguintes parâmetros:

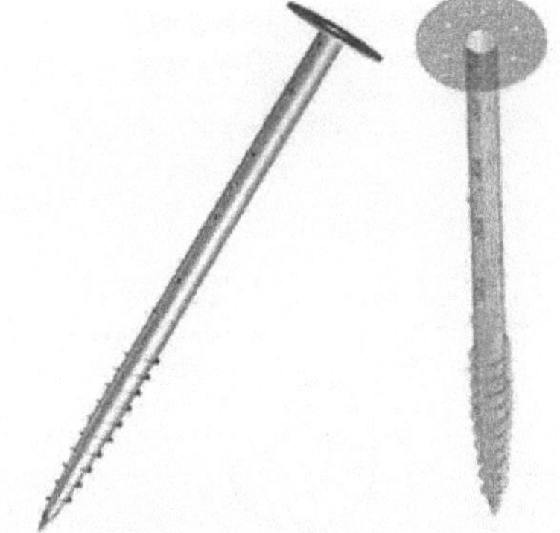

Fig. 3: Parte subterrânea da caixa do sensor

- Temperatura do solo (profundidade: 5-20-40-60-80 cm)
- Humidade do solo (profundidade: 5-20-40-60-80 cm)
- Concentração de sais nas águas subterrâneas
- Concentração de CO_2 no solo

A estação de sensores mede os seguintes parâmetros acima do solo.

- Temperatura do ar (altura: 20 cm, 2 m)
- Humidade (altura: 20 cm, 2 m)
- Precipitação (altura: 1 m)
- Velocidade e direção do vento (altura: 2 m)
- Intensidade da radiação solar (altura: 2 m)
- Humidade das folhas (altura: 1 m)

A construção da estação de sensores é modular. O controlo do sensor (baseado num microcontrolador e num bus I2C) e as unidades de bateria estão sempre presentes. A unidade de controlo do sensor está ligada à unidade de comunicação por meio de uma interface série assíncrona. A construção modular permite a utilização de diferentes unidades de comunicação.

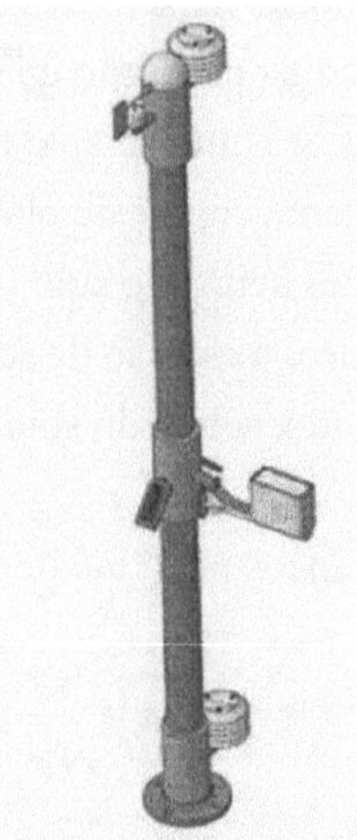

Fig. 4 : Poste com sensores acima do solo

Capítulo 4

4. Arquitetura de comunicação da rede AgroDat.hu

Uma vez que a primeira versão da rede de sensores AgroDat.hu se destinava ao milho, as localizações típicas dos campos de milho foram consideradas na conceção da arquitetura de comunicação. Devido às grandes dimensões dos campos e ao facto de a área de produção se situar frequentemente longe das infra-estruturas existentes, só era aceitável uma tecnologia de rádio com uma grande área de cobertura. Existem várias tecnologias de rádio alternativas com esta caraterística (por exemplo, WiMax ou sistema VHF/UHF personalizado), mas devido à sua grande disponibilidade, baixo custo e quadro regulamentar bem estabelecido, decidimos investigar a utilização da rede móvel GSM.

A primeira versão da rede de sensores recolhe dados escalares que se alteram lentamente (por exemplo, temperatura do solo, humidade do solo) e a representação dos dados requer apenas pacotes de dados curtos (com o nosso formato de codificação, significa 200-400 bytes de dados). Isto significa que o sensor comunica com a rede móvel relativamente raramente (1-3 vezes por dia) e, mesmo assim, apenas é enviada uma pequena quantidade de dados. Uma parte das estações de sensores está equipada apenas com sensores subterrâneos e sobressai minimamente acima do nível do solo, pelo que não foi possível a alimentação eléctrica com base em células solares. A eficiência energética foi um requisito fundamental aquando da conceção da estação de sensores. Devido à baixa quantidade de transferência de dados e ao requisito de eficiência energética, o protótipo foi concebido utilizando os serviços de baixa largura de banda da rede GSM. Isto pode significar uma transferência de dados baseada em GPRS ou SMS.

Preparámos duas versões da arquitetura de comunicação. A primeira é baseada em GPRS, a segunda utiliza a transferência de dados baseada em SMS. No caso do GPRS, o sensor pode aceder à infraestrutura Web diretamente através do protocolo HTTP. Isto é vantajoso do ponto de vista do lado do servidor, uma vez que estão disponíveis numerosas soluções que proporcionam uma escalabilidade extrema com base no protocolo HTTP.

A quantidade relativamente baixa de dados e a codificação binária compacta permitem a transferência de dados através do Serviço de Mensagens Curtas (SMS). Mesmo quando codificados em formato de texto, os nossos dados de medição cabem em 3-4 mensagens curtas (SM). Assumindo 3 medições por dia, isto significa um máximo de 12 SMs por dia, o que é um custo razoável. Do ponto de vista arquitetónico, a infraestrutura SMS pode ser ligada como ponto final móvel ou através do protocolo de aplicação do centro SMS (SMSC). Ambas as soluções requerem um componente de software adicional entre a infraestrutura SMS e o servidor de aplicações. Este componente de software adapta a interface SMS do terminal móvel ou a interface do protocolo de aplicação SMSC ao servidor de aplicações e, em comparação com a variante que utiliza apenas HTTP, implica uma arquitetura mais complicada. O outro aspeto a ter em conta é o consumo de energia da unidade de sensor. Como demonstraremos mais adiante, o envio de 112 bytes requer uma ordem de grandeza menor de energia quando se utiliza o SMS em comparação com o GPRS. Por outro lado, a energia da bateria necessária para as operações de transferência de dados continua a ser insignificante em comparação com outros elementos do consumo de energia, nomeadamente para manter o módulo registado na rede. Decidimos que as vantagens da comunicação direta HTTP excedem a desvantagem do consumo global de energia ligeiramente superior e decidimos utilizar uma arquitetura baseada em GPRS-HTTP. A Figura 5 mostra a arquitetura de comunicação baseada em GPRS-HTTP.

A rede de sensores é composta por 300-1000 sensores. A operação eficiente de tantos pontos finais não pode ser realizada sem uma solução de gestão remota. O projeto adoptou uma solução proprietária de gestão remota que acede aos sensores através da rede GSM. A eficiência energética relacionada com as operações de gestão era um requisito importante e será discutida na secção 6.4.

A segunda iteração acrescentou a transferência de imagens e vídeos ao conjunto de requisitos. Este novo requisito altera a quantidade de dados a transmitir. Uma imagem de infravermelhos tem normalmente um tamanho de 3-4 kByte (resolução de 80x60 píxeis, escala de cinzentos de 16 bits, formato PNG). O sensor pode também enviar vídeos curtos (20-30 segundos) criados a partir de imagens de infravermelhos consecutivas. Em formato MP4, estes vídeos têm um tamanho típico de 30-50 kBytes. Imagens

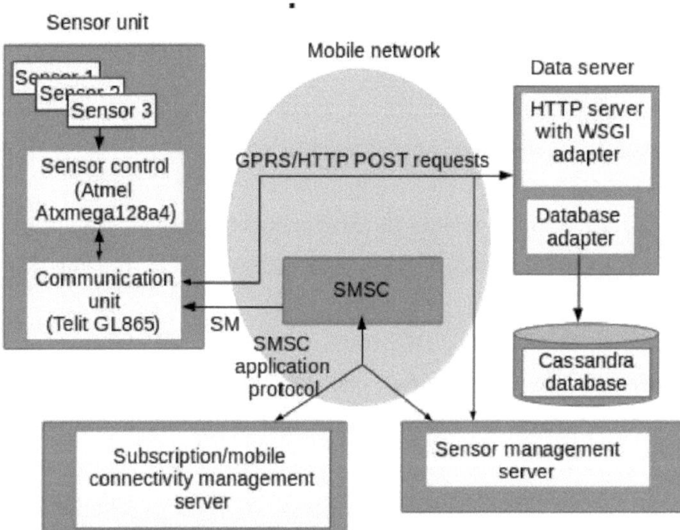

Fig. 5: Arquitetura concetual da comunicação

capturadas por câmaras Web normais têm até 60 kBytes em formato PNG ou JPEG. Este tamanho de carga útil mais elevado pode exigir a utilização de tecnologia de telecomunicações mais recente, por exemplo, 3G ou 4G. No entanto, a nossa experiência diz-nos que, nas áreas de implantação dos nossos sensores, mesmo a cobertura GSM básica pode ser problemática, especialmente com uma antena montada tão perto do solo, como acontece com alguns dos nossos sensores. Para as experiências relatadas neste documento, não alterámos a tecnologia de comunicação GSM/GPRS, mas analisar a possibilidade de 3G/4G é definitivamente um trabalho a fazer.

A experiência com o consumo de energia do GSM/GPRS levou-nos a experimentar métodos de comunicação Low Power Wide Area (LPWAN), nomeadamente o Sigfox. Embora o projeto Agro-Dat.hu não tenha aprovado qualquer portador LPWAN, o protótipo Sigfox demonstrou vantagens de consumo de energia LPWAN em relação ao GSM/GPRS antigo. Estas conclusões são apresentadas na secção 7.

Capítulo 5

5. Modems GSM avaliados

Para garantir que estamos realmente a avaliar as alternativas de comunicação, optámos por realizar as nossas medições a partir de dois fornecedores diferentes de modems GSM.

O GL865-QUAD é uma variante da extremamente popular família de produtos GE865 da Telit [1]. O módulo está disponível nas versões DUAL (bandas de frequência GSM900, DCS1800) e QUAD

(bandas de frequência GSM900, DCS1800, GSM850 e DC1900). O módulo tem suporte de rede 2,5G, o que significa que pode aceder a serviços de rede GSM (chamadas de voz e SMS) e GPRS. Esta família de módulos não suporta 3G ou superior. A Telit também oferece módulos 3G, mas como muitas aplicações de sensores podem ser implementadas com 2/2,5G, o custo e o consumo de energia mais baixos tornam esses módulos 2/2,5G muito populares entre os sensores conectados.

Uma propriedade única dos módulos Telit é o facto de muitos deles, incluindo a família GE/GL865, incluírem um tempo de execução completo para a lógica da aplicação. Os módulos podem ser utilizados no modo de modem GSM quando o código da aplicação é executado por uma CPU externa (por exemplo, um microcontrolador), mas também está disponível um modo autónomo quando o código da aplicação é executado pelo intérprete Python integrado no chip. O módulo oferece características de uma sofisticada plataforma integrada: memória não volátil sob a forma de um sistema de ficheiros, conversores A/D e D/A e pinos de E/S de uso geral, todos acessíveis a partir do código Python. O GE/GL865 pode, assim, implementar todo o controlo do sensor e não apenas os aspectos de comunicação celular.

O módulo SIM900 da SIMCOM [3] foi selecionado para verificar os resultados da medição do consumo de energia de determinados cenários de comunicação numa implementação de modem GSM diferente. O SIM900 é um modem GSM quadribanda. É uma unidade mais tradicional, no sentido em que o SIM900 necessita de uma CPU externa para executar a lógica da aplicação. O SIM900 também tem um conjunto de periféricos incorporados, incluindo relógio em tempo real, conversor A/D e pinos de E/S de uso geral. Estes periféricos podem ser manipulados por comandos personalizados do modem.

As medições do consumo de energia foram efectuadas através da inserção de uma resistência de série de 0,1 Ohm na linha de alimentação dos módulos GSM. Estes módulos GSM também incluem os circuitos de alimentação RF, pelo que foi medido o consumo de todo o hardware de comunicação, incluindo os amplificadores de potência RF. Os circuitos de interface adicionais, por exemplo, os controladores RS232C, não foram incorporados nas medições, mas estes circuitos não estão necessariamente presentes nos sensores incorporados. A queda de tensão na resistência série foi medida com um multímetro digital que mediu com uma frequência de amostragem de cerca de 3 Hz e enviou as amostras para o PC, onde foram registadas. O efeito dos condensadores de filtro nas linhas eléctricas é tal que as frequências mais elevadas são filtradas, pelo que esta taxa de amostragem relativamente lenta era aceitável. As amostras foram posteriormente analisadas utilizando o conjunto matemático R/R Studio[3] .

[3]http://www.rstudio.com/

Capítulo 6

6. Cenários de comunicação GSM

6.1 Registo de rede

Aparentemente, este é o cenário mais simples, mas é o que apresenta mais complicações. O registo na rede e a manutenção do registo implicam procedimentos de registo na rede e de atualização da localização, mas, mais importante ainda, exigem que o módulo GSM esteja ativo e ouça os eventos da rede. Como assumimos um funcionamento estacionário, os procedimentos relevantes para a gestão da mobilidade, por exemplo, a transferência de células, não ocorrem, mas, para se manter registado na rede, é necessário executar uma atualização periódica da localização. A Figura 6 mostra o consumo de energia do Telit GL865 ao executar este cenário. Os dois picos de consumo de energia estão relacionados com os procedimentos de registo na rede e de atualização da localização. A atualização da localização ocorre na rede utilizada durante as medições (Telenor Hungary) aproximadamente a cada 55 minutos, o que é um valor bastante típico e pode ser esperado entre 30 minutos e 2 horas. É mais importante notar, no entanto, que o consumo de energia do módulo em inatividade é de cerca de 7 mA. Isto significa que, enquanto os procedimentos de rede consomem 720 mAs (miliamperes por segundo) para o registo da rede e 400 mAs para uma atualização de localização (com esta rede, há cerca de 26 actualizações de localização por dia, o que significa cerca de 10400 mAs ou um custo de 2,89 mAh para actualizações de localização), manter o módulo operacional custa cerca de 170 mAh durante um dia.

Note-se que estes valores não são relativamente afectados pela intensidade do sinal recebido. As medições foram efectuadas com as potências de sinal RSSI=5, RSSI=4 e RSSI=2 e os resultados foram muito semelhantes. A razão desta semelhança é o facto de a transmissão real da rede ser muito curta nestes cenários, pelo que a diferença de potência de transmissão é reduzida a uma média.

Os resultados são muito semelhantes aos do módulo SIM900 (Figura 7). Podem ser observados pequenos picos de consumo de energia relacionados com os procedimentos de registo na rede e de atualização da localização, mas é mais importante notar o consumo de corrente em estado de inatividade do módulo, que é próximo de 20 mA. Embora o procedimento de registo da rede custe apenas 834 mAs e as 26 actualizações de localização custem 2,71 mAh, manter o módulo operacional custa 456 mAh durante um dia.

Ambos os módulos oferecem modos personalizados de poupança de energia. A ideia subjacente a estes modos é que apenas as unidades funcionais que executam os procedimentos GSM permanecem operacionais, as unidades que comunicam com a CPU da aplicação (e, no caso do módulo Telit, as unidades que executam a lógica da aplicação) são desligadas. No caso do Telit GL865, este modo é

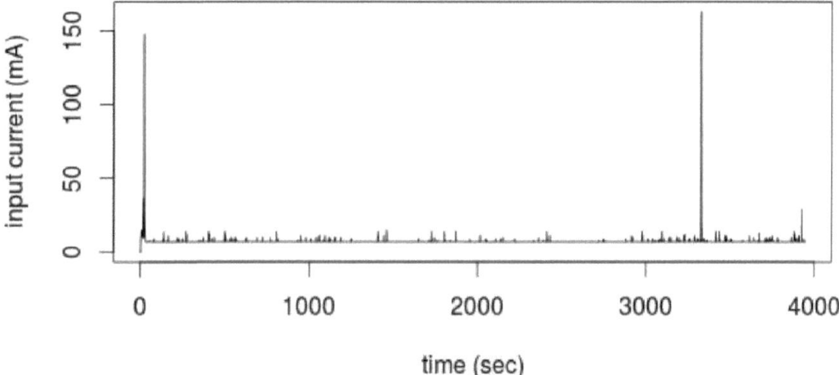

Fig. 6: Consumo de energia do Telit GL865 (registo inicial e atualização da localização)

ativado pela chamada Python MOD.powerSaving() que coloca o módulo em modo de poupança de energia durante o período de tempo especificado. Se ocorrer um evento (por exemplo, um evento de rede de entrada) durante este período, o modo de poupança de energia é encerrado e a lógica da aplicação pode começar a processar o evento. Como o SIM900 não tem um ambiente de execução de aplicações, o modo de poupança de energia é oferecido de forma diferente. O comando AT+CSCLK ("slow clock") com parâmetros de 1 ou 2 desliga a interface com o processador da aplicação com mecanismos de despertar ligeiramente diferentes. A interface de comunicação é reactivada quando o DTR está baixo (AT+CSCLK=1) ou o módulo é reativado quando há dados disponíveis na interface série que serve a lógica da aplicação (AT+CSCLK=2).

Com estes modos de poupança de energia, o consumo em inatividade dos dispositivos diminui drasticamente. Tanto para o GL865 como para o SIM900, o consumo de energia em inatividade é inferior a 1 mA. Especificamente, para o GL865, o consumo de energia necessário para manter o módulo operacional durante um dia é de cerca de 11 mAh, enquanto os procedimentos de rede custam 2,9 mAh adicionais, resultando num total de 14 mAh para um dia. Para o SIM900, o consumo de energia em inatividade durante um dia é de cerca de 23,3 mAh e os procedimentos de rede acrescentam 2,71 mAh, o que resulta num total de cerca de 26 mAh durante um dia.

Estas medições mostram a importância dos modos de poupança de energia específicos da implementação e realçam o facto de o Telit GL865 ser cerca de duas vezes mais eficiente do que o

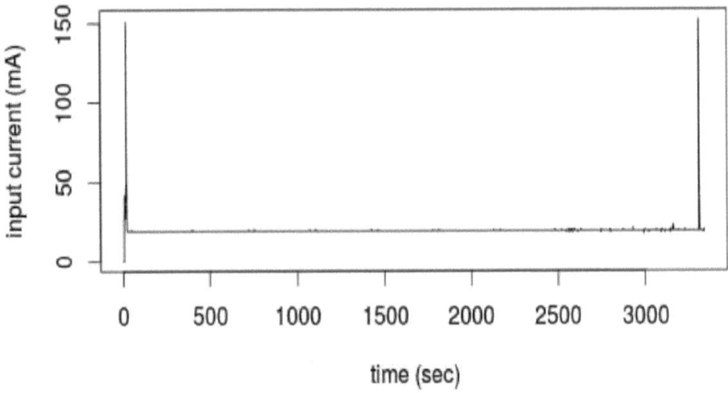

Fig. 7: Consumo de energia do SIM900 (registo inicial e atualização da localização)

o SIM900 no que diz respeito ao funcionamento com baixo consumo de energia. No entanto, uma observação muito mais importante é que, mesmo com os modos de economia de energia activos, o funcionamento contínuo do módulo tem, de longe, o custo mais elevado. Para o Telit GL865, apenas 20% do orçamento de energia é gasto em procedimentos de rede reais, os 80% restantes são o custo de manter o módulo operacional. A diferença é mais dramática para o menos eficiente SIM900: apenas 10% do orçamento diário de energia é gasto em operações de rede, os restantes 90% são necessários para simplesmente manter o módulo ativo.

6.2 Comunicação de dados

Até agora, apenas foi calculado o custo de estar registado na rede. A comunicação de dados tem custos adicionais. Os nossos sensores enviam uma quantidade relativamente pequena de dados (10-20 valores escalares) e relativamente raramente (1-2 vezes por dia), pelo que foram analisados os portadores de rede com menor largura de banda. Foi proposta uma grande variedade de codificações de dados para aplicações IoT, mas esta área está longe de estar resolvida. Estão a ser propostos para a IdC formatos baseados em XML [26] e quadros de publicação-subscrição [12].

A nossa intenção era manter baixa a quantidade de dados transmitidos, a energia necessária para a transmissão de dados e os ciclos de CPU necessários para codificar/decodificar pacotes, pelo que adoptámos uma codificação de dados eficiente em termos de tamanho, baseada em ASN.1 e nas regras básicas de codificação (BER)

[2]. Estas estruturas de dados BER foram então enviadas para o servidor utilizando HTTP.

Rubricas de dados	Tamanho do pacote (bytes)	Consumo de energia (mAs)
16	287	2370
32	511	2595
64	1981	2945
128	4157	3307
256	8509	3951

Quadro 1: Consumo de energia da comunicação de dados, contexto PDP ativado/desativado para cada pacote

Protocolos especializados como o CoAP foram propostos para aplicações IoT para substituir o conjunto de protocolos da Internet amplamente utilizado (HTTP, FTP, TCP ...) [15], mas o CoAP não é muito atrativo em redes de transporte GSM, onde as limitações do 802.15.4 não se aplicam. Tanto o GL865 como o SIM900 suportam TCP através de comandos personalizados do modem. Utilizando o suporte TCP nativo dos módulos, o HTTP foi implementado na lógica da aplicação.

O consumo de energia foi medido com o aumento da quantidade de itens de dados (valores de 16 bits) utilizando a codificação BER mencionada anteriormente. No que respeita ao tratamento do contexto PDP, foram implementadas duas abordagens diferentes. A primeira abordagem ativa o contexto PDP, envia o pacote e depois desactiva o contexto. Esta abordagem está mais próxima dos nossos cenários de comunicação de dados, em que só raramente enviamos pacotes de dados. Para avaliar o custo da ativação do contexto PDP, a segunda abordagem ativa o contexto PDP uma vez, envia todos os pacotes de teste e depois desactiva o contexto após o envio de todos os pacotes. A Tabela 1 mostra os resultados da primeira abordagem, enquanto a Tabela 2 mostra os resultados da segunda abordagem utilizando o módulo GL865. Pode observar-se que a ativação do contexto PDP acrescenta um custo de energia constante, mas não muito significativo, ao cenário de comunicação.

A conclusão é que a otimização do tamanho dos dados/formato dos dados é importante quando se tenta reduzir o consumo de energia. No entanto, para aumentar significativamente o consumo de energia, o tamanho dos dados deve ser várias vezes superior ao tamanho dos dados de base. A otimização do tamanho dos dados pode ser mais relevante para garantir a transferência de dados no caso de o caminho de rádio entre a estação de base e o sensor não ser muito bom e, por conseguinte, a taxa de erro de bits ser mais elevada, o que é um caso comum para os nossos sensores agrícolas, alguns deles instalados em locais remotos com uma cobertura de rede inferior à ideal.

Rubricas de dados	Tamanho do pacote (bytes)	Consumo de energia (mAs)
16	287	1987
32	511	2180
64	1981	2590
128	4157	3270
256	8509	3570

Quadro 2: Consumo de energia da comunicação de dados, contexto PDP ativado apenas uma vez

6.3 Portador de SMS

Os dados também podem ser enviados através de mensagens curtas, popularmente designadas por SMS. Os SMS binários são frequentemente filtrados pelos operadores, pelo que utilizámos a codificação Base64 e enviámos o conteúdo ASN.1 BER em formato textual. A Figura 8 mostra o consumo de energia utilizando o suporte SMS com um pacote de dados de 112 bytes de comprimento (que na realidade tem 154 caracteres após a codificação Base64) e a Figura 9 mostra o envio do mesmo pacote utilizando GPRS. Intuitivamente, parece que o SMS requer muito menos energia e é de facto o caso: O GPRS necessita de 2347 mAs de potência, enquanto o SMS necessita apenas de 247 mAs de potência. A grande diferença deve-se ao facto de o SMS utilizar canais de rádio de sinalização que já estão atribuídos quando o módulo se regista na rede, enquanto o GPRS tem de atribuir (e desatribuir) canais de rádio adicionais para a transferência de dados. O SMS é, portanto, atrativo devido ao seu consumo de energia muito mais baixo, mas frequentemente o preço da assinatura impede a utilização extensiva do SMS para a transferência de dados.

6.4 Portador de impulso

Um requisito importante para os nossos sensores colocados remotamente é a capacidade de gestão, uma vez que nem sempre é possível aceder fisicamente à localização dos sensores. As operações de gestão são normalmente iniciadas pelo operador do servidor de gestão de forma assíncrona, independentemente das operações programadas do sensor. Isto requer um suporte push que possa ser utilizado para instruir o sensor a contactar o servidor de gestão.

Se o sensor não estiver registado na rede, esta operação é impossível. O operador do servidor de gestão pode ter de esperar que o sensor contacte o servidor quando este envia o seu lote de dados programado e pode enviar os seus comandos de gestão no contexto da sessão de envio de dados do sensor. Embora esta abordagem seja atraente devido ao seu baixo consumo de energia, torna a vida dos operadores de gestão muito mais difícil porque as actualizações de configuração ou outros comandos de gestão não podem ser executados em qualquer altura, apenas depois de o sensor contactar o servidor para a transferência de dados programada. Além disso, em caso de dúvida (por exemplo, quando se suspeita de um acidente que danifique o sensor), o estado do sensor não pode ser verificado imediatamente, o que pode impedir operações de manutenção atempadas. Os requisitos de gestão criam um forte incentivo para registar continuamente o sensor na rede móvel.

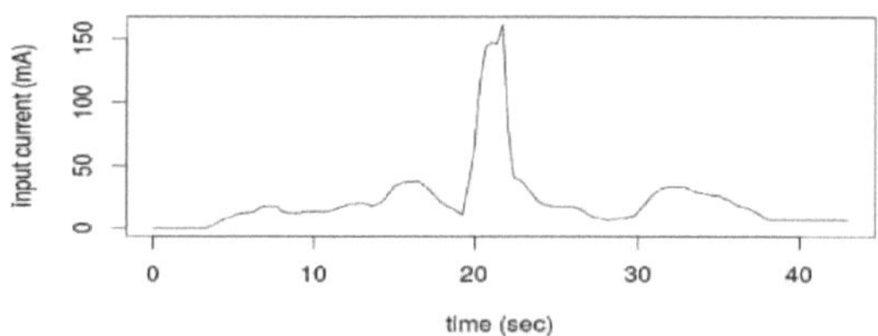

Fig. 8: Consumo de energia da transferência de dados com SMS

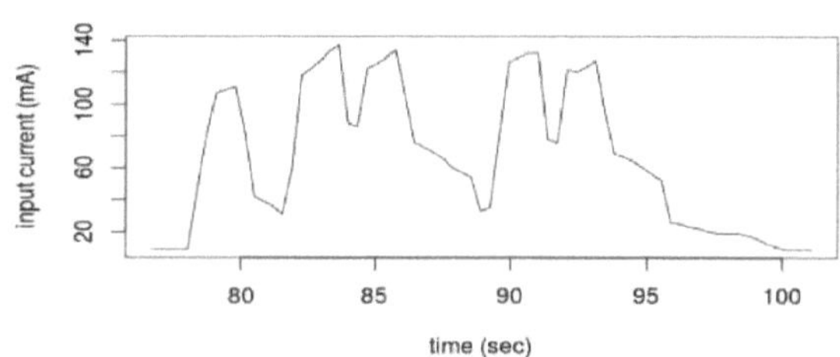

Fig. 9: Consumo de energia da transferência de dados com GPRS

Se o módulo GSM estiver registado continuamente, o serviço de mensagens curtas (SMS) pode ser utilizado para enviar um alerta ao sensor para que este se ligue ao servidor de gestão para operações de gestão. Como vimos, o SMS é muito eficiente em termos de consumo de energia e as operações de gestão são suficientemente pouco frequentes para que o preço do SMS não seja um problema. Outra opção é simular o portador push usando TCP.

A simulação de push bearer baseada em TCP depende do sensor para manter uma conexão TCP com o servidor de gerenciamento. Quando o servidor quiser enviar um pacote de gestão, pode utilizar a natureza duplex dos fluxos TCP para enviar o pacote para o sensor. No entanto, os problemas de tempo limite tornam esta solução difícil de implementar. Os tempos limite do TCP no sensor e no lado do servidor podem ser controlados pela implementação, mas as redes móveis e de backbone entre os gateways da rede móvel e os servidores empregam frequentemente tradutores de endereços de rede (NAT) que removem associações de endereços IP para fluxos TCP que parecem inactivos. O problema foi demonstrado com um programa de teste implementado nos módulos GL865 e SIM900 e uma aplicação de servidor de teste implementada num servidor Windows baseado na nuvem. Os módulos GSM ligados à rede móvel (Telenor Hungria), abriram uma ligação TCP ao servidor e deixaram a ligação inativa. Depois de expirado o tempo limite, foi enviado um pacote do servidor para o módulo GSM. Verificou-se que o período máximo de timeout seguro era de 2 horas, o que é consistente com as recomendações em [11]. Um tempo limite mais longo resultou na desconexão silenciosa do servidor e do módulo GSM por algum NAT na rede, sem que nenhuma das partes comunicantes tivesse conhecimento da desconexão. Os resultados foram consistentes com ambos os módulos GSM, demonstrando que este comportamento é propriedade da rede entre o módulo GSM e o servidor baseado na nuvem. Sem uma investigação mais aprofundada de toda a topologia da rede, é difícil dizer onde se encontrava o NAT que interrompeu a ligação.

A implementação fiável do suporte push baseado em TCP deve utilizar um algoritmo heurístico [25], [13] para estimar o tempo de espera entre o módulo GSM e o servidor, enviando pacotes de teste com diferentes tempos de espera. O algoritmo heurístico deve também estar preparado para o facto de este timeout poder também mudar dinamicamente, devido a alterações na topologia da rede. Uma vez conhecido esse timeout, deve ser enviado um pacote keepalive em qualquer direção através do fluxo TCP para evitar que qualquer NAT que possa existir entre o módulo GSM e o servidor termine a ligação. Esta operação de keepalive tem um custo de consumo de energia.

Ambos os módulos são capazes de acordar do modo de poupança de energia quando um pacote de dados de entrada chega a uma ligação TCP que tenha sido aberta anteriormente. O protótipo para este teste baseia-se novamente na pilha TCP incorporada em ambos os módulos. Para o GL865, a receção de um desses pacotes custa 942 mAs. Utilizando um tempo limite de 2 horas (ou seja, 12 pacotes deste tipo por dia), o custo diário do consumo de energia é de cerca de 3,1 mAh. O SIM900 tem um melhor desempenho neste teste, o custo de um pacote de manutenção foi de 570 mAs, o que significa 1,9 mAh por dia. Isto significa que o custo do consumo de energia para manter uma ligação TCP é comparável ao custo das operações de atualização da localização que mantêm o módulo registado na rede móvel. No caso do Telit GL865, esse procedimento de keepalive aumenta o consumo diário de energia em 22%. No caso do SIM900, o aumento é de apenas 7%, devido ao maior consumo de energia de base do módulo e ao melhor custo de energia da receção de pacotes TCP. É de notar que o GL865 também executou a lógica da aplicação para este teste, mas o SIM900 actuou apenas como modem. Isto significa que o custo adicional do consumo de energia deve ser calculado para a CPU que executa a lógica da aplicação para o SIM900.

O push bearer baseado em TCP tem outros problemas do lado do servidor, como manter uma grande quantidade de conexões TCP abertas ao mesmo tempo, mas essas questões não são discutidas neste documento.

Capítulo 7

7. Variante Sigfox do sensor de solo

Os problemas de consumo de energia das redes celulares são bem conhecidos. Por seu lado, a indústria celular aborda estas questões através do desenvolvimento de novas normas como a Narrowband IoT (NB-IoT) ou a Long Term Evolution (4G), categoria M1 (LTE-M1 ou Cat-M). Como não tivemos acesso a nenhuma dessas redes, este documento não abrange essas tecnologias. Em vez disso, centrámo-nos nas redes de área alargada de baixa potência emergentes, que não se baseiam de todo em normas públicas de telecomunicações celulares. Como não estávamos satisfeitos com a duração da bateria determinada pelas restrições da caixa do sensor e da rede GSM, decidimos criar um protótipo de uma variante LPWAN do sensor. Devido à crescente adoção a nível mundial, construímos o nosso protótipo para a rede Sigfox.

O protótipo Sigfox tira partido da arquitetura modular da estação de sensores, representada na Fig. 5. A parte de controlo do sensor manteve-se inalterada, a unidade de comunicação foi substituída por elementos específicos Sigfox. Embora existam no mercado módulos de comunicação integrados que funcionam como ambientes de execução da lógica de aplicação ao lado da unidade de comunicação Sigfox, desta vez decidimos executar a lógica de comunicação num microcontrolador Atmel ATmega2560, para termos um controlo mais preciso dos estados de baixo consumo. O modem Sigfox foi um Adeunis Si868.

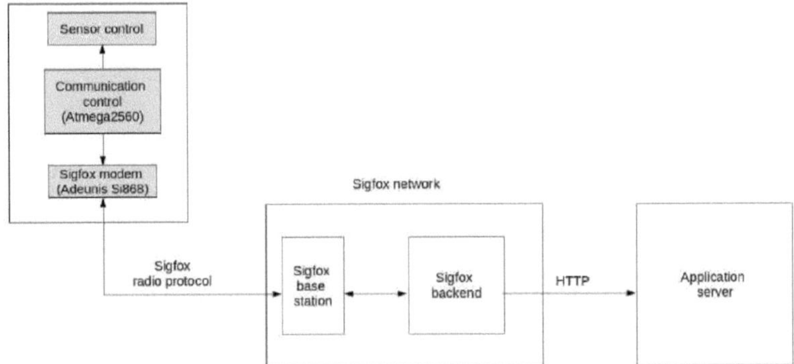

Fig. 10: Arquitetura de rede do protótipo Sigfox

O registo de rede no protocolo de rádio Sigfox é implícito, quando o ponto final envia dados, a rede verifica se o remetente está devidamente inscrito na rede. Não existe uma "sessão" como no GSM, que tem de ser mantida por pedidos de registo e de atualização da localização. Isto também significa que os procedimentos iniciados pela rede não são possíveis. O ponto final tem de iniciar um pedido para que o servidor possa enviar dados de volta ao ponto final na parte de resposta da transação. A gestão remota, cuja importância foi discutida na secção 4, necessita deste caminho servidor-para-ponto final. A nossa aplicação transfere os pacotes de gestão remota nas respostas Sigfox, o que significa que as operações de gestão não solicitadas dos nós sensores não são possíveis, o sensor tem de iniciar uma transação para poder receber operações de gestão. Isto aumenta a possibilidade de um sensor avariado ter de ser reparado manualmente, no local, o que é uma operação dispendiosa. Por outro lado, como vimos na secção 6.1, manter o registo na rede é uma operação dispendiosa nas redes de telecomunicações celulares, pelo que muitos sensores com restrições de energia optam por se registar apenas durante as suas transferências de dados, criando o mesmo problema.

Os terminais Sigfox, as estações de base e o backend comunicam com protocolos proprietários. O backend Sigfox, no entanto, envia pedidos HTTP normais para servidores de aplicações com tipos de conteúdo configuráveis. Isto permitiu-nos preservar a arquitetura do servidor de aplicações apresentada na secção 4. Teve de ser implementado um novo ponto de extremidade HTTP que aceita pedidos HTTP do backend Sigfox. A arquitetura de rede resultante pode ser vista na Fig. 10.

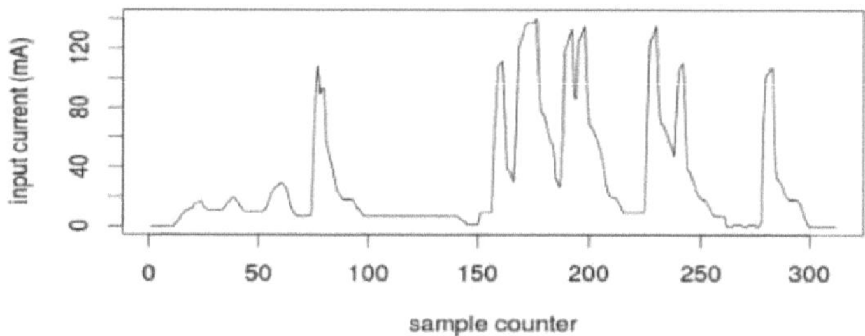

Fig. 11: Consumo de energia do envio de um pacote de 48 bytes por GSM/GPRS

A Hungria não dispõe de rede Sigfox, pelo que efectuámos as medições iniciais em Barcelona. Mais tarde, instalámos uma estação de base Sigfox em Gyor, na Hungria, para fazer medições mais extensas.

Como um pacote Sigfox pode transferir apenas 12 bytes por pedido, o formato dos dados baseado em BER (ver secção 6.2) foi ainda mais simplificado, eliminando os cabeçalhos e metadados BER. Este formato simplificado requer 3 bytes por ponto de dados medido. Na sua configuração básica (sem o sal, o CO_2 e o poste da estação meteorológica subterrânea), o sensor de solo produz valores de temperatura, permissividade e resistência para os 4 níveis subterrâneos, o que resulta em 12 pontos de dados por ciclo de medição, num total de 48 bytes. A Fig. 11 e a Fig. 12 mostram o consumo de energia do envio deste pacote de medição de 48 bytes por GSM/GPRS e Sigfox. O modem GSM/GPRS foi o Telit GL865 e o modem Sigfox foi o Adeunis Si868. O modem Sigfox foi controlado por um MCU Atmel AT-Mega2560, cujo consumo de energia neste cenário foi negligenciável, enquanto o Telit GL865 foi controlado pela sua própria lógica de execução baseada em Python. O cenário GSM/GPRS incluiu o registo da rede, a ativação do contexto PDP, a transmissão de dados e os procedimentos de anulação do registo da rede. O Sigfox não precisa de registo, os diagramas de consumo de energia mostram o envio de 4 mensagens, uma vez que a carga útil de 48 bytes cabe apenas em 4 mensagens Sigfox de 12 bytes. O resultado é que o GSM/GPRS necessita de um consumo de energia de aproximadamente 1 mAh, enquanto o cenário Sigfox necessita de 0,2 mAh. Além disso, o consumo máximo de energia do GPRS durante o cenário é muito maior, o que permite que a opção Sigfox seja implementada com baterias mais pequenas.

As medições de consumo de energia da Sigfox convenceram-nos de que a LPWAN acrescenta um valor muito significativo aos sensores operados por bateria, pelo que concebemos os nossos protótipos de sensores agrícolas adicionais com suporte LPWAN opcional.

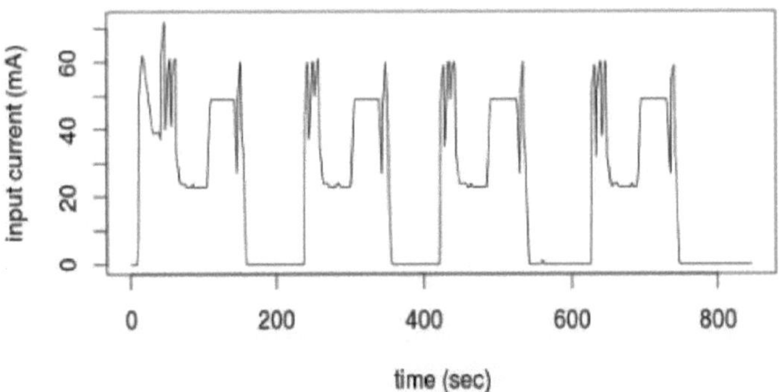

Fig. 12: Consumo de energia do envio de um pacote de 48 bytes pela Sigfox

Capítulo 8

8. Deteção de ratazanas comuns

A segunda fase do projeto de investigação de sensores acrescentou câmaras ao conjunto de sensores suportados pela estação de sensores. A nossa intenção era criar uma estrutura flexível para sensores de câmara, pelo que procurámos um caso de utilização mais exigente. Os casos de utilização simples de sensores de câmaras agrícolas envolvem normalmente tirar uma fotografia 1 a 4 vezes por dia sobre uma caraterística específica do ambiente, por exemplo, a parte selecionada da folhagem. Do ponto de vista do padrão de comunicação e da estrutura do sensor, estes casos de utilização são apenas ligeiramente diferentes do caso de utilização do valor escalar. A única diferença é a maior dimensão dos dados, mas como estes pacotes de dados maiores são enviados com pouca frequência, as conclusões não são significativamente diferentes das apresentadas em 6.2.

Um dos casos de utilização mais difíceis que identificámos é a monitorização de animais, especificamente o rastreio de roedores. Os surtos populacionais de certas espécies de roedores podem causar danos significativos na produção agrícola. A Associação de Produtores de Cereais da Hungria (GPAH) estimou que a ratazana comum (*Microtus arvalis*, Figura 13) causou 500 000 toneladas de danos só no trigo de inverno em 2014. São aplicados rodenticidas mais agressivos de acordo com a estimativa da população, pelo que esta estimativa é uma tarefa economicamente importante.

A estimativa da população de ratazanas comuns foi efectuada com recurso a coleiras rádio [14], mas é óbvio que este método não é adequado para detetar animais que não tenham sido capturados anteriormente. A deteção de animais itinerantes que apenas tentam instalar-se num determinado campo é melhor conseguida com câmaras, mas a natureza nocturna do animal e a excelente camuflagem do seu pelo tornam-no difícil de detetar à luz visível. [21] relata a observação de animais de laboratório com uma câmara de infravermelhos. A área monitorizada foi a imagem. O animal é assinalado pela elipse vermelha

bastante pequenos - cerca de 50x100 cm - e utilizaram o sensor Kinect. O Kinect funciona na gama dos infravermelhos próximos (830 nm), pelo que necessita de iluminação externa do alvo, o que limita o seu alcance.

Fig. 13: Ratazana comum (Microtus arvalis) (fonte: Associação Nacional de Silvicultura, Hungria)

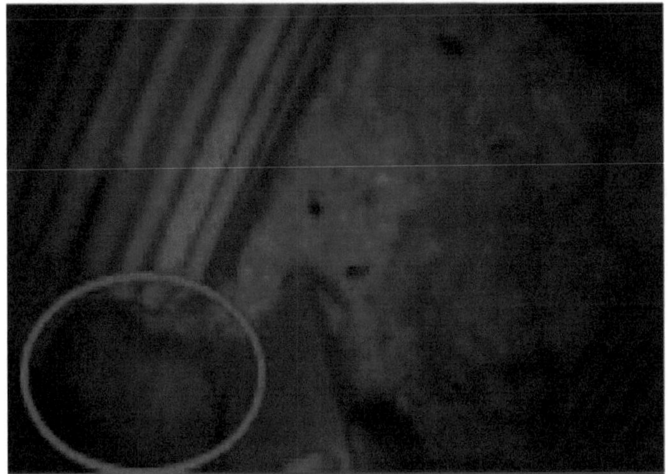

Fig. 14: Pequeno roedor semelhante a uma ratazana comum (Phodopus sungorus) no infravermelho próximo

A figura 14 mostra um pequeno roedor (*Phodopus sungorus*) de tamanho semelhante ao ratazana comum numa imagem de infravermelhos próximos. A fotografia foi tirada na escuridão total e o alvo foi iluminado por luz de infravermelhos próximos. Note-se que, embora o animal seja reconhecível, seria difícil criar um algoritmo informático que o detectasse. Nesta imagem, o animal está perto da câmara, mas à medida que a distância aumenta, a iluminação do alvo torna-se cada vez mais complicada.

As câmaras de infravermelhos de comprimento de onda longo (LWIR) detectam a radiação infravermelha emitida pelo objeto na imagem, pelo que não necessitam de iluminação infravermelha do alvo. As câmaras LWIR já existem há muito tempo, mas o seu preço e outras restrições (por exemplo, controlo das exportações) limitaram-nas a casos de utilização especializada. Custo relativamente baixo

As câmaras LWIR apareceram recentemente. Fizemos experiências com o módulo de câmara FLIR Lepton[4] para verificar se os pequenos roedores podem ser detectados de forma fiável. Esta câmara funciona na gama de comprimentos de onda de 8000-14000 nm e tem uma resolução de 80x60 pixels. Cada pixel produz um valor que está em relação direta com a temperatura observada na área da imagem mapeada para o pixel. Um animal semelhante à ratazana comum (*Phodopus sungorus*) foi colocado numa gaiola e as imagens foram captadas com diferentes distâncias entre a câmara e o animal. O fundo era constituído por relva e outras folhagens comuns. As imagens foram feitas durante a noite.

A figura 15 mostra o resultado. Os valores de intensidade mínima e máxima foram calculados a partir da imagem em bruto (controlo automático de ganho (AGC) desligado) e a intensidade de 0-255 píxeis na imagem em escala de cinzentos resultante foi mapeada para este intervalo mínimo-máximo, de modo a que

$$p_{greyscale} = 255\frac{p_{raw} - p_{raw,min}}{p_{raw,max} - p_{raw,min}} \quad (1)$$

em que p_{raw} é o valor da intensidade do pixel da imagem em bruto produzido pela câmara Lepton, $p_{raw,max}$ e $p_{raw,min}$ são as intensidades máxima e mínima detectadas na imagem em bruto, $p_{greyscale}$ é o valor da intensidade do pixel produzido para a imagem em escala de cinzentos.

Quando o animal está mais afastado da câmara, a sua radiação infravermelha observada diminui à medida que o tamanho do animal se aproxima do tamanho de um pixel na imagem. A vantagem do cálculo dinâmico da gama de intensidade do pixel é que o animal permanece brilhante, mesmo que esteja mais afastado da câmara. A desvantagem é que este método faz com que as características do fundo com maior radiação infravermelha (árvores, arbustos, etc.) se tornem mais pronunciadas ("mais brilhantes") no caso de distâncias maiores do alvo, o que torna a identificação do animal na imagem mais difícil. O animal é claramente visível até 4 metros de distância, mas em situações de sorte a distância pode chegar a 5 metros.

As experiências realizadas com a câmara FLIR Lepton LWIR convenceram-nos de que os pequenos animais podem ser reconhecidos de forma fiável com uma câmara de infravermelhos, mesmo com uma resolução tão limitada como a da FLIR Lepton. No entanto, devido à assinatura infravermelha não trivial do fundo, tivemos de desenvolver um algoritmo de processamento de imagem para identificar as imagens que são adequadas para a estimativa da população.

[4]http://www.flir.com/cores/content/?id=66257

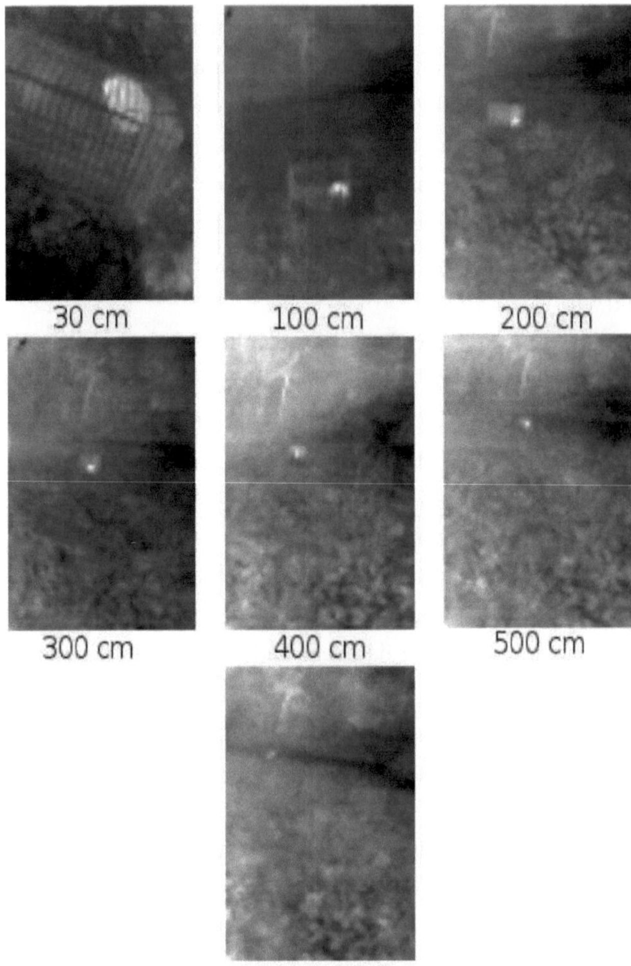

Fig. 15: Pequeno roedor semelhante a uma ratazana comum (Phodopus sungorus) em imagem de infravermelhos de comprimento de onda longo

Capítulo 9

9. Algoritmo de processamento de imagem no sensor

De acordo com o objetivo arquitetónico do projeto AgroDat.hu, o processamento de dados ocorre no lado do servidor. A unidade de sensor, no entanto, é responsável pelo envio de dados que podem ser utilizados de forma significativa para extrair informações relevantes, no nosso caso, a estimativa da população de pequenos roedores na área. Estes animais movem-se com relativa rapidez, pelo que, para uma observação significativa, a área do isco tem de ser monitorizada com um intervalo de alguns segundos. O envio de uma imagem com esta frequência é inviável por razões de largura de banda móvel e de consumo de energia. O próprio sensor deve efetuar a primeira filtragem e carregar apenas as imagens que tenham uma elevada probabilidade de conter informações relevantes. Uma experiência semelhante foi registada noutras redes de baixa largura de banda que operam no espetro sem licença utilizado para transferir dados de imagem [28].

Os requisitos do algoritmo de processamento de imagem são os seguintes.

- Remova da imagem os elementos grandes que não se movem. Estes são supostos ser elementos de fundo.
- Procure objectos relativamente pequenos que se movam. Estes são potencialmente os roedores que estamos a procurar.

A nossa implementação baseia-se na estrutura de processamento de imagens OpenCV[5] e compreende os seguintes passos:

- É produzida uma imagem em escala de cinzentos a partir da imagem de saída Lepton em bruto, de acordo com a transformação descrita na secção 8.
- A imagem em escala de cinzentos é transformada numa imagem binária com um limiar fixo de 204 (0,8*255). Uma vez que os valores de intensidade da escala de cinzentos são calculados dinamicamente, tendo em conta os valores mínimos e máximos de intensidade na imagem em bruto, este passo é realmente uma limiarização dinâmica em relação à imagem de infravermelhos original em bruto. O elevado limite de limiarização deve-se ao pressuposto de que os nossos roedores estão entre as coisas mais quentes na cena nocturna do campo agrícola.
- O algoritmo de traçado de contornos da biblioteca OpenCV é aplicado e, em seguida, o casco convexo dos contornos resultantes é preenchido. Este passo elimina o ruído espúrio na imagem resultante do passo de limiarização.

---

[5] http://opencv.org/

- Os elementos da imagem são dilatados por um núcleo de 6x6 e, em seguida, são novamente traçados os contornos. Este passo funde características que estão separadas apenas por um intervalo de até 6 pixéis.
- O círculo envolvente de cada contorno resultante é calculado.
- Os círculos envolventes desta iteração e da iteração anterior são comparados. Para que dois círculos envolventes sejam considerados iguais, a sua área de sobreposição deve ser, pelo menos, 70% da área do círculo mais pequeno. Os círculos presentes tanto na imagem atual como na anterior são removidos do conjunto de círculos da imagem. Este passo de filtragem garante que a caraterística que estamos a procurar tem de se mover.
- Se houver círculos restantes que não tenham sido considerados iguais a qualquer círculo da imagem anterior e o raio de qualquer um dos círculos restantes for

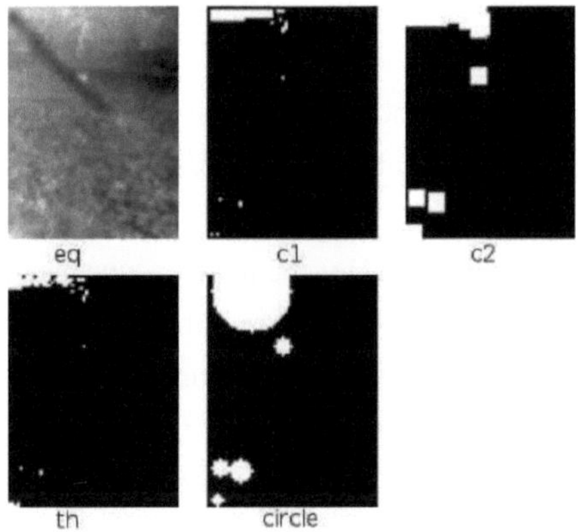

Fig. 16: Demonstração das etapas de processamento de imagens no sensor. As etiquetas das imagens são descritas na secção 9

mais pequena do que 5 pixéis, então temos uma imagem candidata para carregar no servidor.

A Figura 16 demonstra os passos do algoritmo de processamento de imagem. A imagem identificada como "eq" é a imagem de entrada em escala de cinzentos. "th" é o resultado da limiarização; note-se a grande quantidade de pontos não ligados. "c1" é o resultado do primeiro passo de preenchimento do casco convexo do traçado de contorno. "c2" é o resultado da dilatação - segundo traçado de contorno. No final, "circle" mostra os círculos de objectos resultantes identificados na imagem. Dos 5 círculos identificados, apenas um corresponde ao roedor do teste. O roedor é identificado quando começa a mover-se. Nesse caso, o seu pequeno círculo não se sobrepõe ao círculo da imagem anterior, o que desencadeia o carregamento da imagem.

O algoritmo acima é apresentado como uma demonstração de que o processamento de imagem esperado do sensor não é trivial e que a implementação eficiente é fortemente baseada numa biblioteca publicamente disponível (OpenCV). Como veremos, estas conclusões terão consequências importantes quando o consumo de energia do sensor for analisado.

Capítulo 10

10. Arquitetura de sensor de imagem baseada em Linux

O primeiro componente afetado pelo requisito de captura/processamento de imagens é o controlo dos sensores (ver Fig. 5). Na primeira iteração, este componente controlava um conjunto de sensores de baixa largura de banda com saída de valores escalares, pelo que um microcontrolador Atmel Atxmega128a4 realizava a tarefa de controlo dos sensores. Tal como referido na secção 9, para o caso do sensor da câmara, temos um conjunto de requisitos que exige um controlo mais potente do sensor. Estes requisitos são os seguintes.

- No caso das câmaras que funcionam no domínio da frequência da luz visível, pretendemos uma plataforma que facilite a interface de câmaras populares, por exemplo, webcams ligadas por USB.
- Precisamos de uma plataforma suficientemente poderosa para executar as tarefas de processamento de imagem relativamente complexas descritas na secção 9.
- Para implementar a lógica de processamento de imagem de forma eficiente, precisamos de uma plataforma capaz de implementar estruturas populares de processamento de imagem como o OpenCV.

Tendo em conta estes requisitos, chegámos à conclusão de que o componente de controlo do sensor da nossa câmara fotográfica deveria ser implementado com base num computador embarcado baseado em ARM (utilizámos o BeagleBone Black, baseado no system-on-chip (SoC) TI Sitara AM335x ARM Cortex-A8) e num sistema operativo Linux embarcado. O BeagleBone Black é suportado por várias distribuições Linux. As medições foram efectuadas com duas delas: Ubuntu Snappy[6] , que é uma variante da distribuição Ubuntu especialmente direccionada para aplicações da Internet das Coisas (IoT), e a versão própria do Linux da Texas Instrument especificamente direccionada para a família Sitara de SoCs, designada Linux EZ Software Development Kit[7] . O Snappy é atrativo devido à grande base de software que a Canonical, o criador da distribuição Ubuntu, actualiza constantemente. Por exemplo, o OpenCV e as bibliotecas de que depende estão disponíveis como pacotes de software para esta plataforma. O TI EZSDK, por outro lado, fornece a melhor integração disponível com as funcionalidades de hardware do SoC Sitara, das quais a gestão de energia era particularmente importante para nós.

[6]https://developer.ubuntu.com/en/snappy/

[7]http://www.ti.com/tool/linuxezsdk-sitara

Capítulo 11

11. Processamento de imagens e consumo de energia numa plataforma Linux incorporada

Já foi referido na literatura [19] que o consumo de energia de um nó sensor de câmara pode ser classificado como inativo, de processamento intensivo, de armazenamento intensivo, de comunicação intensiva e de deteção visual. Nesta secção, tentamos

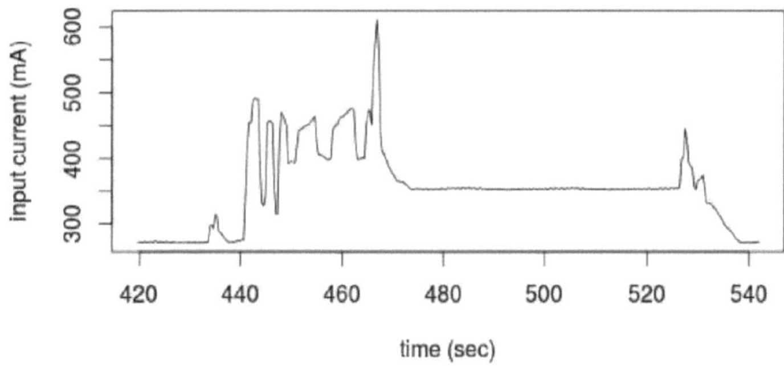

Fig. 17: Ciclo de processamento e envio de imagens no caso de a lógica de comunicação ser executada no CPU Sitara

otimizar o consumo de energia, atribuindo o consumo inativo às unidades de processamento e encontrando um equilíbrio entre as tarefas de processamento intensivo e as tarefas de comunicação intensiva.

Na primeira versão dos sensores AgroDat.hu, a lógica de controlo principal do sensor era executada pelo módulo Telit GL865, que combina o modem GSM com um microcontrolador de baixo consumo. Uma vez que o Snappy Ubuntu está posicionado como uma plataforma com opção de atualização segura, a primeira arquitetura de sensor que avaliámos foi a de que tanto o processamento de imagem como a lógica de comunicação eram executados pelo CPU principal do Sitara que executa o Snappy Ubuntu Linux, tendo o Telit GL865 sido utilizado apenas como modem. A Figura 17 mostra o consumo de energia de todo o sistema (BeagleBone Black e o modem GSM GL865) durante a execução do ciclo processamento de imagem-transferência de imagem. O ciclo de processamento de imagem ocorre entre os registos de tempo de

435-440 segundos, enquanto o envio de imagem ocorre entre os registos de tempo de 440-540 segundos. O tamanho da imagem a enviar para o servidor com um pedido HTTP POST foi de 4 Kbytes, através do suporte GPRS.

O consumo de energia resultante para o ciclo de envio de imagens é de 10,755 mAh, o que é muito superior ao consumo esperado de cerca de 1 mAh (secção 6.2). A fonte desta diferença significativa é o consumo de base do CPU do Sitara de 250 mA. Só isto resulta num consumo de 250 mA*100 segundos=25000 mAs (cerca de 7 mAh). Este exemplo mostra que o Sitara de alto desempenho tem um desempenho muito fraco do ponto de vista do consumo de energia se o padrão de computação for do tipo ação e espera, o que é muito comum no caso do estado das telecomunicações

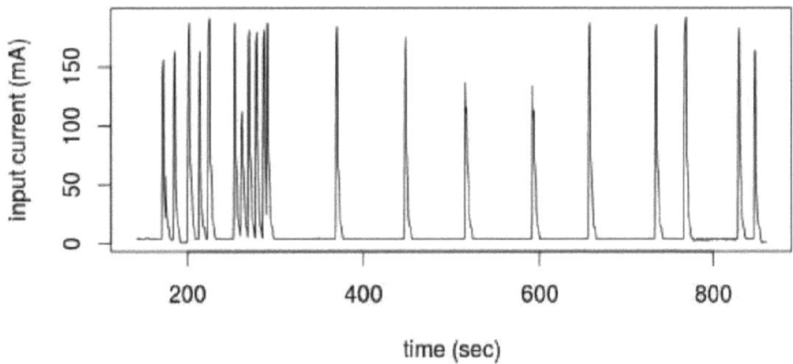

Fig. 18: Ciclo de envio de imagens em caso de lógica de comunicação no módulo GL865

máquinas. Neste caso, o evento pelo qual o código da aplicação espera acontece demasiado depressa, pelo que a CPU não pode ser colocada num estado de inatividade e a duração total da execução é bastante longa. Este nível de consumo excessivo de energia era inaceitável para nós, pelo que decidimos rearquitectar o sensor de modo a que o código seja executado num CPU que seja mais adequado para a tarefa no que diz respeito ao consumo de energia.

No modelo rearquitetado, voltámos ao modelo original de controlo do sensor, em que a lógica de controlo principal se encontra no módulo GL865. O microcontrolador no GL865 é muito eficiente na execução de baixo consumo de energia e baixo desempenho e pode dormir com um consumo de energia muito baixo, utilizando o seu relógio interno em tempo real. A experiência também se aplica a diferentes módulos de comunicação em que o controlador e o modem não estão integrados. Neste caso, um microcontrolador separado de baixo consumo pode encarregar-se do controlo principal. Devido ao seu elevado consumo de energia ativa, o CPU Sitara é mantido no estado inativo o máximo de tempo possível.

A Figura 18 mostra o consumo de energia do GL865 ao enviar a imagem de 4 Kbytes. O ciclo de envio demora muito mais tempo (600 segundos contra os 100 segundos em que o CPU do Sitara executou a mesma lógica), o que se deve à lentidão do motor Python do GL865. No entanto, o consumo de energia para o ciclo de envio é muito menor, cerca de 3 mAh, enquanto a energia necessária para enviar a imagem da CPU Sitara para o GL865 através da linha serial é insignificante.

No caso do controlo de sensores rearquitectado, a CPU do Sitara aguarda o sinal de despertar, adquire e processa as imagens e, se estiver disponível uma imagem adequada, carrega as imagens

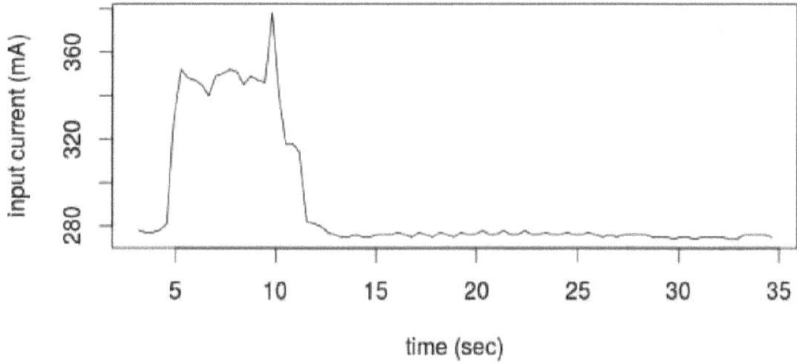

Fig. 19: Consumo de energia do processamento de imagens, 5 iterações, atraso inter-imagens de 500 mseg

para o GL865 através da ligação série entre as duas unidades. De seguida, o CPU do Sitara entra em suspensão. Atualmente, vemos os seguintes casos de utilização para as combinações de aquisição de imagens temporizadas vs. identificação automática de imagens relevantes.

- As imagens ou o vídeo (infravermelhos e/ou luz visível) são adquiridos em momentos de tempo pré-configurados. Neste caso, a vantagem do Linux incorporado no sensor é o seu amplo suporte de diferentes câmaras. O processamento da imagem não é efectuado.
- Em momentos de tempo pré-configurados, é accionada a aquisição automática de imagens e, se o processamento de imagens encontrar uma caraterística

relevante, as imagens/vídeos (luz visível/infravermelhos) são carregadas no servidor.

- A aquisição/processamento de imagens é executada de forma contínua e as imagens são carregadas para o servidor se o pipeline de processamento de imagens encontrar uma caraterística relevante. Existem sub-requisitos sobre o intervalo de tempo de aquisição entre as imagens (de zero a 60 segundos), mas as imagens não são enviadas para o servidor em momentos pré-configurados, apenas quando o algoritmo de processamento de imagem identifica algo importante.

Dependendo do caso de utilização, o equilíbrio do consumo de energia é diferente entre as actividades de processamento e de envio de imagens. Para o primeiro caso de utilização, que envia imagens apenas em momentos pré-configurados, a utilização de uma plataforma SoC de elevado desempenho com Linux incorporado não se justifica do ponto de vista do consumo de energia. Existem
é uma vantagem marginal em termos de engenharia de software, uma vez que o Linux incorporado vem com um grande número de bibliotecas de câmaras e ferramentas de aquisição de imagens (por exemplo, V4L). Relativamente ao terceiro caso de utilização, o processamento de imagens é executado continuamente, pelo que esta função é a que consome mais energia, pelo que não faz sentido falar de equilíbrio do consumo de energia. O equilíbrio do consumo de energia torna-se relevante no segundo caso de utilização, em que as imagens captadas podem não ser enviadas se não tiverem qualquer caraterística relevante. O processamento de imagem efectuado para determinar se vale a pena enviar a imagem pode ser justificado pela menor quantidade de dados a transferir e pelo menor consumo de energia, uma vez que a comunicação GSM é uma operação dispendiosa do ponto de vista do consumo de energia. A literatura anterior sobre o consumo de energia do sensor da câmara já indicou que as tarefas com menor consumo de energia devem desencadear tarefas com maior consumo de energia [16] e, neste caso, o processamento da imagem corresponde à tarefa de nível hierárquico inferior para desencadear a transferência GPRS.

A Figura 19 mostra o consumo de energia de uma atividade de aquisição/processamento de imagens no Ubuntu Snappy 15.04. Uma iteração inclui a aquisição de imagens da câmara de infravermelhos, a execução do algoritmo descrito na secção 9 e a espera de 500 mseg se não for encontrada nenhuma caraterística relevante. A aquisição/processamento de imagens foi repetida 5 vezes, consumindo cerca de 0,62 mAh. Pode observar-se que o consumo de energia aumentou durante toda a atividade, uma vez que a opção de escalonamento do relógio estava ativa (cpufreq com regulador "ondemand"). Isto aumentou automaticamente a velocidade do relógio para o máximo de 720 MHz a partir da base de 275 MHz quando o CPU estava ativo. Embora o SoC Sitara contenha uma GPU, desta vez não foi utilizada porque o tamanho reduzido (80x60) das imagens de infravermelhos não tornaria a utilização da GPU eficiente.

Considerando estritamente a etapa de aquisição/processamento da imagem, o consumo de 0,62 mAh desta atividade de 5 iterações compara-se favoravelmente com o consumo de 3 mAh do envio da imagem com o GL865. No entanto, a CPU do Sitara tem um consumo ocioso significativo. O nosso protótipo foi implementado na distribuição Ubuntu Snappy que, no momento em que escrevemos este artigo, não oferece suporte para CPU inativa. Isto significa que uma CPU inativa continua a consumir cerca de 250 mA (o mesmo que uma CPU ativa sem carga), consumindo 3 mAh (o custo de enviar uma imagem) em apenas 43 segundos. O TI EZSDK implementa um estado de suspensão, o estado de suspensão para RAM (S3). O TI EZSDK pode entrar e sair deste estado em 3 segundos, mas o consumo neste estado continua a ser de 156 mA, o que significa 69 segundos para atingir 3 mAh. O Ubuntu Snappy 15.04 consome 120 mA mesmo no estado de encerramento, mas o TI EZSDK desliga-se corretamente. Infelizmente, um desligamento-reinicialização completo consome 4,78 mAh com o TI EZSDK, o que é mais do que os 3 mAh necessários para enviar a imagem. Por conseguinte, não é possível pôr o CPU do Sitara a funcionar em vazio durante o encerramento.

A nossa conclusão é que a poupança de energia da bateria e a transferência de dados celulares através da introdução de mais inteligência no sensor e da pré-filtragem dos dados de imagem continua a ser uma opção atractiva. Infelizmente, a plataforma Linux incorporada avaliada era inadequada do ponto de vista do consumo de energia, em particular a gestão do estado de inatividade precisa de ser melhorada. Até que o sistema Linux incorporado possa ser colocado num estado de consumo quase nulo num período de tempo relativamente curto, não é possível um funcionamento eficiente alimentado por bateria.

Verificámos que existe um caso de utilização para aplicações com processamento de imagem no sensor. Se o requisito for monitorizar continuamente o ambiente com um curto intervalo de captura de imagens e a ligação de dados ao servidor for relativamente lenta, a deteção das características relevantes deve ser feita no sensor. Foi o que aconteceu no nosso caso de utilização de deteção de roedores. De acordo com as nossas experiências, se o processamento de imagens for implementado no BeagleBone Black utilizando pilhas de software populares e de elevada produtividade (por exemplo, Linux/OpenCV), o consumo de energia será muito elevado. É certamente possível diminuir este elevado consumo de energia com hardware dedicado (por exemplo, microcontroladores), mas a produtividade do software cairá drasticamente, uma vez que não estão disponíveis para estes dispositivos estruturas poderosas de processamento de imagem. O resultado é que a monitorização contínua com estruturas de elevada produtividade é uma escolha dispendiosa do ponto de vista do consumo de energia.

Capítulo 12

12. Experiências de consumo de energia com processamento de imagem por microcontrolador

O protótipo da plataforma Linux incorporada revelou-se eficiente no reconhecimento de imagens relevantes. Infelizmente, o elevado consumo em modo de espera destas plataformas Linux incorporadas anulou qualquer poupança de energia. Por conseguinte, o projeto foi transferido para uma plataforma de unidade de microcontrolador (MCU). Devido ao seu elevado desempenho, à grande memória flash interna e à memória RAM, escolhemos o MCU STM32F407 e tentámos transferir os dois módulos básicos do OpenCV (core, imgproc) para o MCU. Mesmo estes módulos requerem mais espaço flash do que a memória flash relativamente grande deste MCU topo de gama. A razão para isso é a arquitetura de software do OpenCV, que tem muitas camadas e a utilização extensiva de bibliotecas de suporte (por exemplo, libc, libm, libz, STL, etc.). Embora os módulos de processamento de imagem sejam relativamente pequenos, extraí-los da rede de dependências do OpenCV revelou-se demasiado complicado.

Avaliámos dois quadros de processamento de imagem adicionais. CImg[8] é uma biblioteca de modelos C++ (por isso depende da STL), mas não possui as ferramentas de análise morfológica necessárias para o nosso algoritmo de deteção de ratazanas. CVIPTools[9] é uma biblioteca C bastante exaustiva, mas a versão Linux em que se baseia a porta STM32F407 foi actualizada pela última vez em 2002. Esta versão do CVIPTools também não suporta unidades de processamento gráfico (GPU). Curiosamente, estas características são vantagens quando se trata de usar a biblioteca num MCU, uma vez que a implementação em C puro elimina a necessidade da biblioteca de suporte STL e nem mesmo os MCUs topo de gama têm GPU. O CVIPTools tem a vantagem de depender apenas da biblioteca C padrão (libc). Esta dependência foi satisfeita através da portabilidade da biblioteca Newlib1 para o MCU. A imagem flash da aplicação de deteção de ratazanas com os módulos relevantes do CVIPTools e da Newlib tem o tamanho de 126 Kbytes, que cabe convenientemente na memória flash do MCU. Este facto demonstra que também é possível implementar algoritmos de processamento de imagem muito mais complexos nesta plataforma.

Tentámos implementar o mesmo algoritmo de processamento de imagem

[8]A biblioteca Cimg (http://cimg.eu/).
[9]CVIPTools (http://cviptools.ece.siue.edu/)

apresentado na secção 9, mas foram necessárias algumas pequenas modificações. Embora o CVIPTools e o OpenCV ofereçam muitos algoritmos e ferramentas, o conjunto de ferramentas não é exatamente o mesmo. A versão do CVIPTools, a partir do segundo passo, utiliza um processamento diferente.

- Na segunda etapa, após a conversão de escala de cinzentos para binário, é efectuada uma dilatação morfológica seguida de um fecho morfológico e de uma operação adicional de limiarização de escala de cinzentos para binário.
- Os objectos na imagem são então etiquetados, produzindo caixas delimitadoras para objectos contíguos.
- Os círculos envolventes são calculados a partir destas caixas delimitadoras. A identificação dos círculos sobrepostos/em movimento é a mesma que no caso da implementação OpenCV.

O CVIPTools (no MCU STM32F407) e as implementações baseadas no OpenCV (no BeagleBone Black) produzem resultados semelhantes e o consumo de energia pode ser comparado. A nova implementação baseada em MCU e portada para CVIPTools consome 0,0027 mAh ao processar 5 imagens consecutivas, enquanto a implementação anterior baseada em Linux incorporado (OpenCV) necessitava de 0,62 mAh. Para além disso, o MCU é capaz de dormir com um consumo de energia à escala micro, enquanto a implementação Linux incorporada consome uma quantidade significativa de energia mesmo quando está a dormir. Na iteração anterior do sensor, a lógica de controlo do sensor foi transferida para o módulo de comunicação GSM (Telit GL865), que possui uma função de execução de software do utilizador, devido ao elevado consumo de energia do hardware responsável pela função de processamento de imagem. A implementação baseada em MCU eliminou esta configuração mais complexa. Além disso, o baixo consumo de energia tanto na fase de computação como na fase de repouso justifica a capacidade de processamento de imagens do sensor, uma vez que se verifica uma poupança significativa quando apenas as imagens relevantes são enviadas para o servidor.

Também tentámos portar o CVIPTools e o algoritmo de deteção de ratazanas para um microcontrolador muito mais pequeno, um STM32L152RCT6. Este MCU está optimizado para aplicações de consumo ultra baixo, tem um núcleo Cortex-M3, sem FPU e com uma velocidade de relógio até 32 MHz. O MCU está também equipado com 256 Kbytes de memória flash e 32 Kbytes de RAM. Em particular, a RAM relativamente pequena é problemática para aplicações de processamento de imagem, mas como a nossa imagem de infravermelhos em bruto tem apenas 9600 bytes, havia a esperança de que o nosso algoritmo de deteção de ratazanas coubesse na RAM. O tamanho do código da aplicação (deteção de ratazanas + módulos relevantes do CVIPTools e Newlib) foi de 122 Kbytes, o que se compara favoravelmente com o tamanho total da memória flash de 256 Kbytes. No entanto, por mais que tentássemos, o passo de rotulagem de objectos exigia mais memória do que os cerca de 29 Kbytes disponíveis para o heap C. Além disso, devido à falta de suporte da FPU, o processamento (parcial) de uma imagem exigiu 420 mseg, o que indica que, mesmo que houvesse memória suficiente, a taxa de quadros desejada de 1 segundo seria difícil de alcançar.

Capítulo 13

13. O sensor da câmara

As experiências descritas nas secções anteriores levaram-nos a construir um sensor de câmara agrícola polivalente. A unidade principal do sensor pode ser vista na Fig. 20. Esta unidade principal é normalmente montada num poste para que a vegetação ou a área do isco (no caso do sensor de roedores) possa ser observada. O sensor contém, opcionalmente, 4 câmaras de luz visível, posicionadas a 90 graus uma da outra, e 1 câmara LWIR. A alimentação de energia de cada uma destas câmaras pode ser activada separadamente, permitindo ao programador da aplicação do sensor ligar as câmaras apenas quando necessário.

O sensor está equipado com várias opções de comunicação que também podem ser utilizadas opcionalmente. O modem GSM permite efetuar o carregamento de imagens em massa. O modem LPWAN (Sigfox na versão atual do sensor da câmara) é utilizado para enviar mensagens curtas de uma forma eficiente em termos de energia - como enviar o número de roedores detectados na área do isco. Para transferir dados relevantes para uma imagem através da rede Sigfox de largura de banda extremamente reduzida, a unidade do sensor tem de extrair características relevantes da imagem através do processamento de imagem.

No caso da comunicação LPWAN, existe a opção de as imagens relevantes serem armazenadas num cartão SD no sensor, disponível off-line (quando o pessoal de assistência visita o sensor da câmara). O cartão SD também pode armazenar imagens para operações de carregamento em lote através do modem GSM, se essa opção estiver instalada. Outra opção é uma grande memória RAM de 4 Mbytes que pode funcionar como memória temporária para operações de processamento de imagens nas grandes imagens que as câmaras de luz visível produzem.

Estas características opcionais tornam o sensor da câmara uma plataforma versátil cujas áreas de aplicação vão desde a simples observação de folhagem (com câmara de luz visível ou LWIR) até tarefas de deteção mais complexas que requerem processamento de imagem. O MCU STM32F407 tem limitações no que respeita a operações complexas de processamento de imagem, mas o núcleo ARM relativamente potente e o vasto conjunto de funcionalidades do CVIPTools permitem a implementação de um processamento de imagem razoavelmente sofisticado. Além disso, a arquitetura de comunicação que suporta uma rede de grande consumo de energia, mas com uma largura de banda relativamente elevada (celular) e uma rede de área alargada de baixo consumo (Sigfox, no nosso caso), permite o envio de mensagens curtas com um consumo de energia muito reduzido e o carregamento de imagens em massa.

Conclusões

Os sensores agrícolas diferem muito devido aos seus ambientes de funcionamento e locais de instalação. Os sensores ligados a máquinas agrícolas não são muito diferentes de outros sensores montados em máquinas, uma vez que a máquina normalmente fornece energia abundante e até mesmo ligação à rede, no caso, por exemplo, de ceifeiras-debulhadoras ou tractores modernos e ligados. Os sensores instalados no campo, em especial os que não podem ser alimentados por células solares, têm uma fonte de alimentação restrita, pelo que o funcionamento com baixo consumo de energia é crucial.

Identificámos duas funcionalidades de sensores que causavam um consumo de energia excessivo nos nossos protótipos de sensores. Uma dessas áreas é a comunicação de longo alcance e, neste caso, analisámos uma série de opções de ligação e perfis de tráfego. A segunda área é o processamento de dados com consumo intensivo de energia no sensor, que surgiu no caso de um sensor de processamento de imagem. Além disso, é possível imaginar outras funcionalidades do sensor que consomem muita energia, como a medição e a aquisição de dados, mas os casos de utilização que analisámos não tinham tais requisitos, o orçamento de energia do processo de medição real era insignificante em comparação com a comunicação e (no caso do sensor de imagem) os custos de processamento de dados.

Relativamente às opções de comunicação, a nossa primeira área de investigação foi a comunicação entre sensores ligados por GSM. As redes 2/2,5G tradicionais ainda têm a maior área de cobertura. Em comparação com as gerações posteriores de redes celulares, o consumo de energia das redes 2/2,5G é também o mais baixo, pelo que nos concentrámos no GSM/GPRS. Verificámos que a operação mais dispendiosa nestas redes é o procedimento de registo/registo da rede, que garante que o ponto final pode ser contactado a qualquer momento pela rede. A comunicação iniciada pela rede é um requisito para a gestão remota, mas, devido ao elevado consumo de energia que esta funcionalidade implica, verificámos que é muitas vezes aceitável relaxar este requisito. Com os modems GSM, a rede GSM e a implantação do sensor que experimentámos, o ponto de equilíbrio entre o custo do registo - comunicação de dados - cancelamento do registo e cenários de registo contínuo foi de cerca de 3 horas. Se o sensor se registar na rede mais raramente do que estas 3 horas, a poupança de consumo de energia pode ser conseguida à custa da funcionalidade de gestão remota instantânea, uma vez que o sensor que não está registado na rede não pode ser acedido por operações de gestão remota.

Fig. 20: Unidade principal do sensor da câmara

Como não estávamos satisfeitos com o consumo de energia de 2/2,5G, experimentámos uma rede de área alargada de baixa potência (LPWAN), nomeadamente a Sigfox. A rede Sigfox está optimizada para um baixo consumo de energia à custa das taxas de dados e dos cenários iniciados pela rede (paginação). Um cenário de comunicação Sigfox é sempre iniciado pelo ponto final (pelo que não são possíveis operações iniciadas pela rede) e a quantidade de dados transferidos é limitada a cerca de 1,7Kbytes por dia. Conseguimos adaptar o nosso sensor de solo à rede Sigfox e verificámos que o consumo de energia foi significativamente reduzido em comparação com a variante GSM, aumentando o tempo de vida do sensor com uma bateria para cerca de 3 anos. Como não há funcionalidade de paginação nesta rede, a gestão remota só é possível se o sensor iniciar a operação de transferência de dados. Em seguida, a resposta de transferência pode efetuar operações de gestão.

Concluímos que os seguintes requisitos devem ser cumpridos para que a opção de comunicação de baixo consumo seja viável para uma rede de sensores.

- O sensor deve comunicar a longas distâncias, caso contrário podem ser utilizadas tecnologias de baixo consumo e curto alcance como o Bluetooth.
- O sensor não tem acesso a uma fonte de energia recarregável, por exemplo, uma

célula solar ou à rede eléctrica.

- O padrão de comunicação utilizado pelo sensor é tal que exige um registo constante na rede (por exemplo, para gestão iniciada pela rede) ou que exige uma transferência de dados relativamente frequente (por exemplo, mais frequente do que uma vez por dia). Caso contrário, o padrão registo-transferência de dados-desregisto proporciona um consumo de energia suficientemente baixo.

O nosso sensor de solo satisfaz cada um destes requisitos e a conclusão é que se justifica uma opção de comunicação de baixo consumo.

Os sensores mais simples limitam-se a transferir os dados que captaram. Tipos de dados mais complexos (por exemplo, imagens) e o elevado custo da transferência de dados do ponto de vista energético podem justificar o processamento de dados no sensor. Esta atividade de processamento de dados cria um equilíbrio interessante de consumo de energia entre a transferência de dados e o processamento de dados. O objetivo é alcançar um equilíbrio positivo, ou seja, poupar energia filtrando o máximo possível de dados irrelevantes no sensor, assegurando simultaneamente que o custo do processamento de dados é inferior ao custo da transferência de dados.

Para demonstrar este equilíbrio de poderes, analisámos um caso de utilização agrícola de deteção de roedores. A deteção de pontos em imagens de infravermelhos com elevada probabilidade de serem roedores requer um algoritmo de processamento de imagem não trivial. Executámos este algoritmo em três plataformas incorporadas diferentes, uma plataforma Linux incorporada e duas plataformas de microcontroladores. A gestão de energia da plataforma Linux incorporada, em particular a corrente de espera, revelou-se demasiado elevada para permitir qualquer poupança de energia, mas uma das plataformas de microcontroladores, o STM32F407, revelou-se suficientemente potente para alojar uma biblioteca de processamento de imagens (CVIPTools), dispondo simultaneamente de um sofisticado sistema de gestão de energia que permite a este microcontrolador dormir com uma corrente de espera muito baixa. O terceiro microcontrolador não dispunha de memória RAM suficiente para executar o algoritmo. Concluímos, portanto, que é possível poupar o consumo de energia relacionado com a comunicação, filtrando os dados irrelevantes, com uma plataforma de computação cuidadosamente escolhida. Esta abordagem permite a utilização de redes de área alargada de baixo consumo (LPWAN), mesmo que o tamanho dos dados em bruto exceda a capacidade tipicamente baixa dessas redes.

Referências

GL865-QUAD. *Recuperado* em *19 de agosto de 2014, de http:// www.telit.com/ prod- ucts/ product-service-seletor/ product-service-seletor/ show/product/ gl865- quad/.*

ITU-T X.690, Regras de codificação ASN.1: Especificação de regras de codificação básicas (ber), regras de codificação canónicas (cer) e regras de codificação distintas (der).

Especificação do SIM900. *Obtido* em *19 de agosto de 2014 em http:// wm.sim.com/ downloaden.aspx? id=2972.*

Viacheslav I Adamchuk, JW Hummel, MT Morgan e SK Upadhyaya. On-the-go soil sensors for precision agriculture. *Computers and electronics in agriculture*, 44(1):71-91, 2004.

Ali Abdullah Alderfasi e David C. Nielsen. Use of crop water stress index for monitoring water status and scheduling irrigation in wheat. *Agricultural Water Management*, 47:69-75, 2001.

R Armstrong, NN Barthakur e E Norris. Um estudo comparativo de três sensores de humidade das folhas. *Revista Internacional de Biometeorologia*, 37(1):7-10, 1993.

R. Earl, P. N. Wheeler, B. S. Blackmore e R. J. Godwin. Precision farming - the management of variability (Agricultura de precisão - a gestão da variabilidade). Em *Landwards. Winter, 1997, pp. 18-23*, 1997.

G. Elo, K. Koppany, N. Kovacs, J. Szabo, e P. Szarmes (editor). Precicios gazdalkodas kockazatmenedzsment. 2015.

R. S. Garrity, L. A. Vierling e K. Bickford. Um instrumento simples de fotodíodo filtrado para medição contínua de ndvi e pri de banda estreita sobre coberturas vegetais. Em *Agricultural and Forest Meteorology, Vol. 150, Issue 3, 15 de março de 2010, pp. 489-496*, 2010.

Olga M. Grant, M. Manuela Chaves, e Hamlyn G. Jones. Otimização da imagem térmica como técnica de deteção do fecho dos estomas induzido pelo stress hídrico em condições de estufa. *Physiologia Plantarum*, 127(3):507-518, 2006.

S. Guha, K. Biswas, B. Ford, S. Sivakumar e P. Srisuresh. Requisitos comportamentais natos para TCP. Em *RFC 5382*, 2008.

A. Hakiri, P. Berthou, A. Gokhale, D. Schmidt e T. Gayraud. Supporting end-to-end scalability and real-time event dissemination in the omg data distribution service over wide area networks. In *Elsevier Journal of Systems Software (JSS), 86(10):2574-2593, Out. 2013.*, 2013.

H. Haverinen, J. Siren e P. Eronen. Consumo de energia de aplicações sempre activas em redes WCDMA. Em *Vehicular Technology Conference, 2007. VTC2007-Spring. IEEE 65th, 22-25 de abril de 2007, Dublin*, 2007.

Jens Jacob e Nadine Hempel. Effects of farming practices on spatial behaviour of common voles. *Journal of Ethology*, 21(1):45-50, 2003.

K. Kuladinithi, O. Bergmann, T. M. B. Potsch e C. Gorg. Implementação do CoAP e sua aplicação na logística de transportes. In *Proceedings of the Workshop on Extending the Internet to Low power and Lossy Networks*, 2011.

Purushottam Kulkarni, Deepak Ganesan, Prashant Shenoy e Qifeng Lu. Senseye: uma rede de sensores de câmara de vários níveis. Em *Proceedings of the 13th annual ACM international conference on Multimedia*, páginas 229-238. ACM, 2005.

Lei Li, Qin Zhang e Danfeng Huang. Uma revisão das técnicas de imagem para fenotipagem de plantas. *Sensores*, 14(11):20078, 2014.

Juan A López, Fulgencio Soto, Pedro Sánchez, Andrés Iborra, Juan Suardiaz e Juan A Vera. Desenvolvimento de um nó sensor para horticultura de precisão. *Sensors*, 9(5):3240-3255, 2009.

Cintia B Margi, Vladislav Petkov, Katia Obraczka e Roberto Manduchi. Caracterização do consumo de energia num banco de ensaio de uma rede de sensores visuais. Em *Testbeds e Infra-estruturas de Investigação para o Desenvolvimento de Redes e Comunidades, 2006. TRIDENTCOM 2006. 2ª Conferência Internacional sobre*, páginas 8-pp. IEEE, 2006.

Dimitrios Moshou, Cédric Bravo, Jonathan West, Stijn Wahlen, Alastair McCartney e Herman Ramon. Automatic detection of 'yellow rust'in wheat using reflectance measurements and neural networks. *Computers and electronics in agriculture*, 44(3):173-188, 2004.

Tai-Hsien Ou-Yanga, Meng-Li Tsaib, Chen-Tung Yenc e Ta-Te Lina. Uma abordagem baseada em câmaras de infravermelhos para o seguimento da locomoção tridimensional e a reconstrução da pose num roedor. *Journal of Neuroscience Methods*, 201:116-123, 2011.

G. Paller, P. Szármes e G. Élo. Estratégias eficientes de consumo de energia para sensores estacionários ligados a redes gsm. Em *SENSORNETS*

2015: Proceedings of the 4th International Conference on Sensor Networks, em Angers, França, Volume: pp. 63-68, editores: César Benavente-Peces, Patrick Plain- chault, Octavian Postolache, 2015.

Gabor Paller e Gabor Elo. Operação energeticamente eficiente de um sensor infravermelho de roedores conectado a gsm. Em *SENSORNETS 2016, 5ª Conferência Internacional sobre Redes de Sensores, Roma, Itália*, 2016.

Gabor Paller e Gabor Elo. Considerações sobre o consumo de energia de um sensor de câmara agrícola com capacidade de processamento de imagem. Na *2ª Conferência Internacional sobre Engenharia de Sensores e Avanços Instrumentais Electrónicos (SEIA' 2016)*, 2016.

R. Price e P. Tino. Adaptação aos valores de tempo limite NAT em redes de sobreposição P2P. Em *2010 IEEE International Symposium on Parallel & Distributed Processing, Workshops and Phd Forum (IPDPSW), Atlanta, GA*, 2010.

X. Su, J. Riekki, J. K. Nurminen, J. Nieminen e M. Koskimies. Adicionando semântica à internet das coisas. Em *Concurrency Computat: Pract. Exper. doi: 10.1002/cpe.3203*, 2014.

H. Sundmaeker, P. Guillemin, P. Friess, e S. Woelffle. Visão e desafios para a realização da Internet das coisas. Em *Cluster of European Research Projects on the Internet of Things-CERP IoT, 2010*, 2010.

T. et al. Wark. Transformando a agricultura através de redes de sensores sem fio pervasivas,. Em *IEEE Pervasive Computing , Volume: 6, Edição: 2*, 2007.

M. Weiser. The Computer for the 21st century. In *Scientific American 265(3):66-75 (janeiro de 1991)*, 1991.

M. Zorzi, A. Gluhak, S. Lange e A. Bassi. Da atual INTRAnet of things a uma futura INTERnet of things: uma visão relacionada com a mobilidade e a tecnologia sem fios.

Em *Wireless Communications, IEEE (Volume:17 , Issue: 6), dezembro de 2010*, 2010.

Biografias

Gabor Paller (paller.gabor@sze.hu) obteve o seu mestrado e doutoramento na Universidade Técnica de Budapeste em 1992 e 1996, respetivamente. O Dr. Paller obteve a sua vasta experiência em telecomunicações em empresas como a Nokia e a Ericsson, trabalhando no desenvolvimento de produtos e em funções de investigação. Desde 2014, centra-se na investigação de sensores agrícolas como investigador sénior na Universidade Szechenyi Istvan, em Gyor, Hungria. Os seus interesses particulares são os aspectos de telecomunicações dos sistemas IoT, sensores de baixo consumo e sistemas de localização de baixo custo.

Péter Szarmes (peter.szarmes@gmail.com) licenciou-se em economia e relações internacionais na Universidade Széchenyi Istvan, em Gyor. Trabalhou num ambiente internacional na Adidas e na Audi e adquiriu experiência em controlo e desenvolvimento empresarial. Paralelamente aos seus estudos de doutoramento relacionados com a tecnologia Big Data, está também a trabalhar num projeto de TI agrícola na Universidade Széchenyi Istvan.

O Dr. Gabor Elo (elo@sze.hu), professor associado, iniciou a sua carreira no sector das infocomunicações na fábrica do Grupo Nokia na Finlândia em 1990. Em 1996, desempenhou um papel ativo no lançamento da atividade de fabrico e desenvolvimento da Nokia na Hungria. Quando a Nokia lançou a sua divisão de investigação e desenvolvimento em 1998, foi diretor de investigação na Nokia New Ventures Organization e no Nokia Research Center. A partir de 2001, geriu a iniciativa húngara do Centro de Competências de Software da Philips e obteve uma vasta experiência prática do funcionamento da indústria de software indiana. Atualmente, é professor associado na Universidade Szechenyi Istvan e diretor do Grupo de Educação e Investigação da Sociedade da Informação.

Printed by Books on Demand GmbH, Norderstedt / Germany